高等职业院校信息技术基础系列教材

信息技术教程

Windows 10+WPS 2019

罗保山 刘解放◎主编
杜毅 尹邵君 张梦帆◎副主编

人民邮电出版社
北京

图书在版编目（CIP）数据

信息技术教程 : Windows 10+WPS 2019 / 罗保山，
刘解放主编. -- 北京 : 人民邮电出版社，2023.8
高等职业院校信息技术基础系列教材
ISBN 978-7-115-62114-6

Ⅰ. ①信… Ⅱ. ①罗… ②刘… Ⅲ. ①Windows操作系
统－高等职业教育－教材②办公自动化－应用软件－高等
职业教育－教材 Ⅳ. ①TP316.7②TP317.1

中国国家版本馆CIP数据核字(2023)第119356号

内 容 提 要

信息技术课程已经成为高等职业院校人才培养方案中必不可少的组成部分。本书参照《高等职业教育专科信息技术课程标准（2021 年版）》中对学生信息技术基础技能的要求，并结合当前信息技术发展的前沿研究成果编写而成。全文包含文档处理、电子表格处理、演示文稿制作、信息检索、新一代信息技术概述、信息素养与社会责任 6 部分内容。本书内容深入浅出，对信息技术重点概念和操作技能进行了详细讲解，每章均配有相应的习题，具有很强的实用性和可操作性。

本书可作为高职高专院校各专业信息技术课程的教材，也可以作为计算机操作的培训教材及自学参考书。

◆ 主　　编　罗保山　刘解放
副 主 编　杜　毅　尹邵君　张梦帆
责任编辑　赵　亮
责任印制　王　郁　焦志炜

◆ 人民邮电出版社出版发行　　北京市丰台区成寿寺路 11 号
邮编　100164　　电子邮件　315@ptpress.com.cn
网址　https://www.ptpress.com.cn
三河市中晟雅豪印务有限公司印刷

◆ 开本：787×1092　1/16
印张：11.75　　2023 年 8 月第 1 版
字数：280 千字　　2023 年 8 月河北第 1 次印刷

定价：49.80 元

读者服务热线：(010)81055256　印装质量热线：(010)81055316
反盗版热线：(010)81055315
广告经营许可证：京东市监广登字 20170147 号

前　言

党的二十大报告提出：教育、科技、人才是全面建设社会主义现代化国家的基础性、战略性支撑。必须坚持科技是第一生产力、人才是第一资源、创新是第一动力，深入实施科教兴国战略、人才强国战略、创新驱动发展战略，开辟发展新领域新赛道，不断塑造发展新动能新优势。在党的领导下，我们实现了第一个百年奋斗目标，全面建成了小康社会，正在向着第二个百年奋斗目标迈进。我国主动顺应信息革命时代浪潮，以信息化培育新动能，用数字新动能推动新发展，数字技术不断创造新的可能。

信息技术课程作为高职高专院校的一门公共基础必修课程，对学生来说具有重要的意义。本书根据高等职业院校人才培养的特点，结合当前信息技术的发展，以技术应用为目的，力求增强学生信息意识，提升学生计算思维、数字化创新与发展能力，让学生树立正确的信息社会价值观和责任感，为其职业发展、终身学习和服务社会奠定基础。

本书围绕高等职业院校各专业对信息技术学科核心素养的培养需求，吸纳信息技术领域的前沿技术，采用理实一体化教学方法，融入“1+X”职业技能等级证书 WPS 办公应用职业考试相关内容，讲解突出实用性及可操作性，对重点概念和操作技能进行详细讲解，深入浅出，符合信息技术教学的规律，注重满足社会对学生信息技术方面的核心素养和应用能力的要求，力求为“课证融通”的实施奠定良好的基础。

本书共 6 章，分别为文档处理、电子表格处理、演示文稿制作、信息检索、新一代信息技术概述、信息素养与社会责任。书中的 WPS 模块内容参考了“1+X”职业技能等级证书考试相关培训资料。

本书由罗保山、刘解放任主编，杜毅、尹邵君、张梦帆任副主编。本书凝聚了编者多年来的教学经验和成果，编者长期从事高等职业院校信息技术教学工作，不仅教学经验丰富，而且对当代高职学生的现状非常熟悉，在编写过程中充分考虑了不同学生的特点和需求。在本书编写过程中，相关专家提出了许多宝贵意见，在此对提供支持的专家表示衷心的感谢！

由于编者水平有限，书中疏漏之处在所难免，希望读者能够提出宝贵的意见和建议。编者将在本书的后续修订中不断完善、丰富内容，让本书成为一本“活书”，一直为读者服务。

编者

2023 年 5 月 19 日

目 录

第5章

第6章

第1章 文档处理

01

学习笔记

WPS Office（简称 WPS）是由金山公司研发的一款办公软件，包含办公软件中常用的文字、表格、演示等组件，具有文件小、占用内存少、运行速度快、支持多种平台、支持“云”存储、提供海量在线模板等特点。WPS 中的文字、表格和演示组件，全面兼容微软的 Word、Excel 和 PowerPoint 组件。本章主要讲解 WPS 中文字组件的使用方法，主要包括文档基本操作、文档编辑、制作表格、图文混排、长文档的美化、审阅文档、打印文档、协作和共享等。

1.1 文档基本操作

在 WPS 中，文字、表格和演示等组件的新建、打开和保存等文档基本操作类似，本节主要讲解文字文档的基本操作。

1.1.1 新建文字文档

WPS 启动后进入首页，如图 1-1 所示。

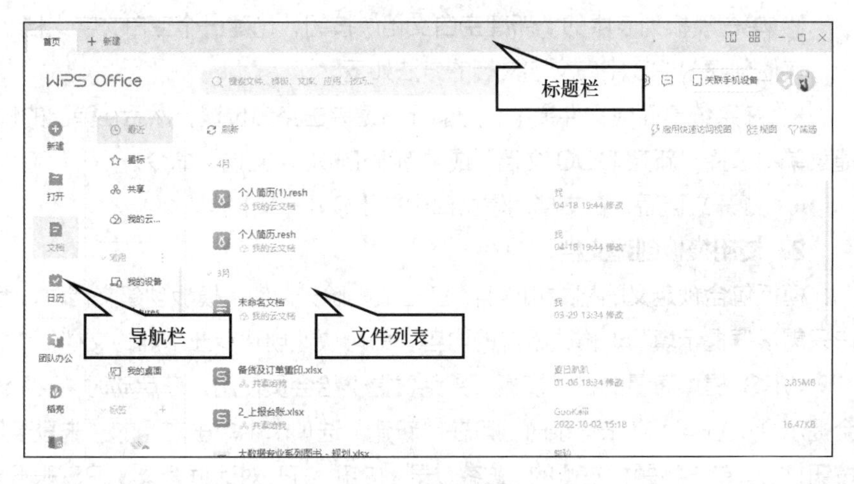

图 1-1 WPS 首页

学习笔记

WPS 首页默认显示“文档”内容，在文件列表中可查看用户文件。标题栏显示各个选项卡标题，如“首页”“稻壳”“新建”等。单击选项卡标题可打开相应的选项卡。WPS 通过选项卡显示被打开的文档的编辑窗口，并在标题栏中显示该文档名称。

1. 新建空白文字文档

新建 WPS 文字文档的操作步骤如下。

① 在系统“开始”菜单中选择“WPS Office\WPS Office”命令启动 WPS。

② 在 WPS 首页左侧的导航栏中单击“新建”按钮，或单击标题栏中的“+”按钮，或按【Ctrl + N】键，打开“新建”选项卡。

③ 在“新建”选项卡中，单击工具栏中的“文字”按钮，显示 WPS 文字模板列表，如图 1-2 所示。

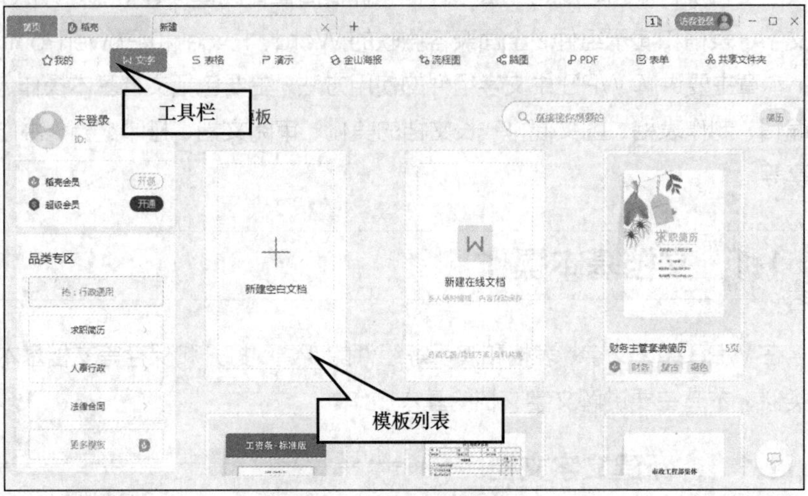

图 1-2　WPS 文字模板列表

④ 单击模板列表中的“新建空白文档”按钮，创建一个空白文字文档。

其他创建 WPS 空白文字文档的方法如下。

- 在系统桌面或文件夹中，用鼠标右键单击空白位置，然后在弹出的快捷菜单中选择“新建\DOC 文档”或“新建\DOCX 文档”命令。
- 打开文档后，在文档编辑窗口中按【Ctrl + N】键。

2. 使用模板创建文档

模板包含预定义的格式和内容，空白文档除外。使用模板创建文档时，用户只需根据提示填写、修改相应的内容，即可快速创建专业水准的文档。

WPS 提供海量的在线模板，并免费提供给会员使用。在启动时，WPS 会提示会员登录。在未登录时，可在“新建”选项卡中单击左侧的“未登录”按钮，或者单击标题栏右侧的“访客登录”按钮，打开对话框登录 WPS 账号。

学习笔记

用户注册成为会员并登录后即可免费使用模板。

在“新建”选项卡的模板列表中，单击要使用的模板，可打开模板的预览界面，如图 1-3 所示。单击预览界面右上角的“关闭”按钮可关闭预览界面。

图 1-3　预览模板

单击预览界面右侧的“会员免费下载”按钮，可立即下载模板，并用其创建新文档。图 1-4 所示为使用模板创建的新文档，用户根据需求修改相应的内容，即可完成文档创建。

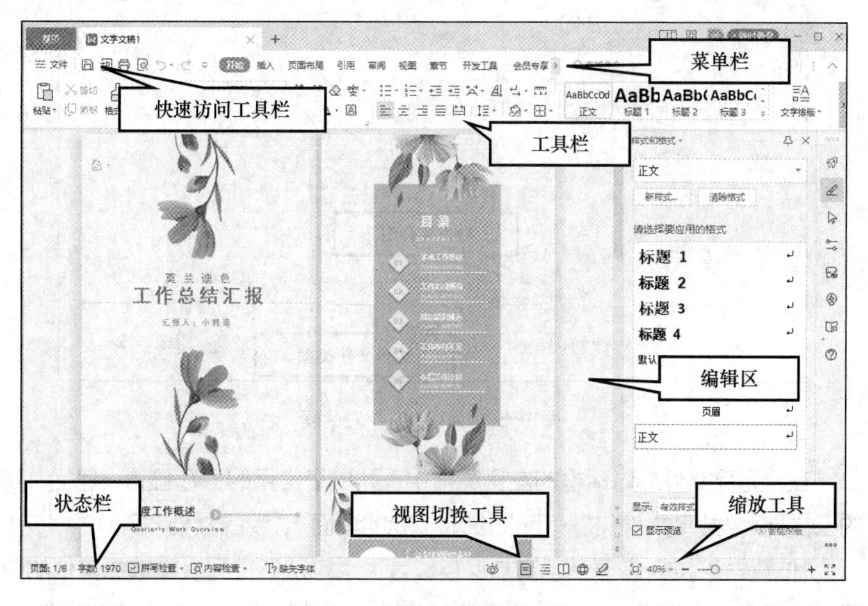

图 1-4　根据模板创建的文档

WPS 文字文档窗口主要由菜单栏、快速访问工具栏、工具栏、编辑区、状态栏等组成，对应位置如图 1-4 所示。

学习笔记

- 菜单栏：单击菜单栏中的按钮可显示对应的工具栏。早期的 WPS 菜单栏在单击按钮时会显示下拉菜单。
- 快速访问工具栏：包含保存、输出为 PDF、打印、打印预览、撤销、恢复等常用按钮。单击其中的“自定义快速访问工具栏”按钮，可通过选择在快速访问工具栏中显示的按钮，或打开自定义对话框来添加按钮。
- 工具栏：提供操作按钮等，单击按钮执行相应的操作。
- 编辑区：显示和编辑当前文档。
- 状态栏：显示文档的页面、字数等信息，包含视图切换和缩放等工具。

1.1.2 保存文档

单击快速访问工具栏中的“保存”按钮，或在“文件”菜单中选择“保存”命令，或按【Ctrl + S】键，执行保存操作，可保存当前正在编辑的文档。

在“文件”菜单中选择“另存为”命令，执行另存为操作，可将正在编辑的文档保存为指定名称的新文档。保存新建文档或执行“另存为”命令时，会打开“另存文件”对话框，如图 1-5 所示。

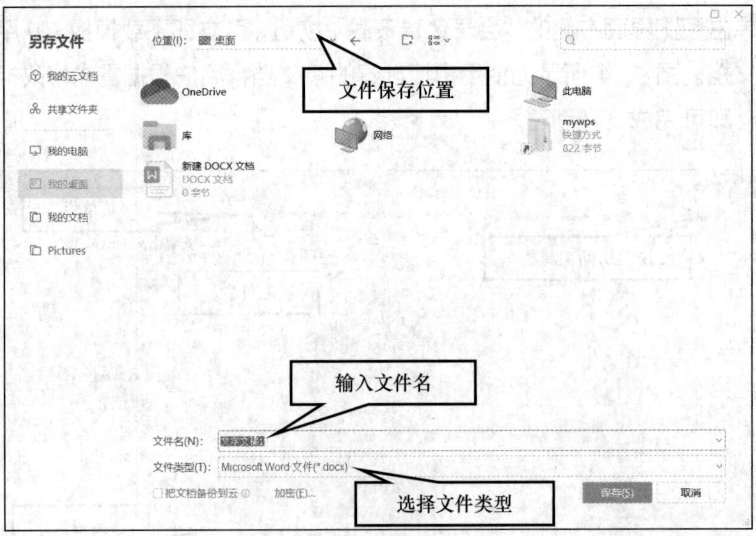

图 1-5 “另存文件”对话框

在“另存文件”对话框的左侧窗格中，列出了常用的保存位置，包括“我的云文档”“共享文件夹”“我的电脑”“我的桌面”“我的文档”等。

“位置”下拉列表显示了当前保存位置，也可从下拉列表中选择其他的位置。选择保存位置后，可进一步在文件夹列表中选择保存文档的子文件夹。

在“文件名”输入框中，可输入文档名称。在“文件类型”下拉列表中可选择想要保存的文件类型。WPS 文字文档的默认保存文件类型为“Microsoft Word 文件”，文件扩展名为.docx，这是为了与微软的 Word 组件兼容。用

学习笔记

户还可将文档保存为 WPS 文字文件、WPS 文字模板文件、PDF 文件格式等 10 余种文件类型。完成设置后，单击“保存”按钮完成保存操作。

1.1.3 输出文档

WPS 可将文字文档输出为 PDF、图片和演示文档。

1. 输出为 PDF

将文字文档输出为 PDF 的操作步骤如下。

① 单击文档窗口左上角的“文件”按钮，打开“文件”菜单。

② 在菜单中选择“输出为 PDF”命令，打开“输出为 PDF”对话框，如图 1-6 所示。

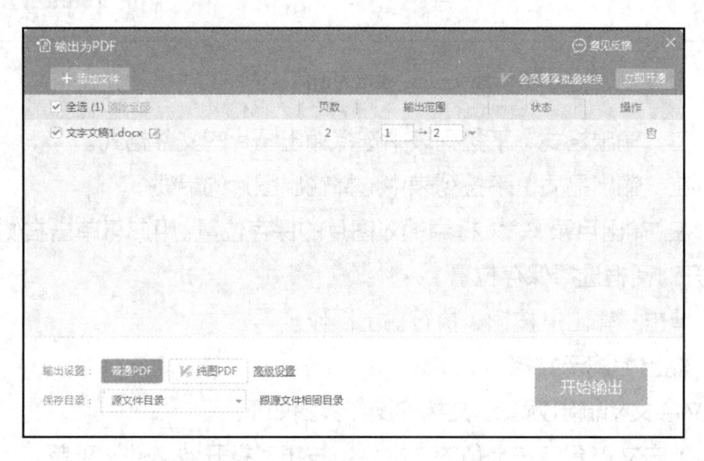

图 1-6 “输出为 PDF”对话框

③ 在文件列表中选中要输出的文档，当前文档默认选中。用户可在“输出范围”列中设置输出为 PDF 的页面范围。

④ 在“保存目录”下拉列表中选择保存位置。

⑤ 单击“开始输出”按钮，执行输出操作。输出完成后，文档状态变为“输出成功”，此时可关闭对话框。

2. 输出为图片

将文字文档输出为图片的操作步骤如下。

① 单击文档窗口左上角的“文件”按钮，打开“文件”菜单。

② 在菜单中选择“输出为图片”命令，打开“输出为图片”对话框，如图 1-7 所示。

③ 在“输出方式”栏中选择逐页输出或合成长图。

④ 在“水印设置”栏中选择无水印、自定义水印或默认水印。（注意：带“V”的设置需要 WPS VIP 会员才能使用。）

⑤ 在“输出页数”栏中选择所有页或者页码选择（按指定页码输出）。

学习笔记

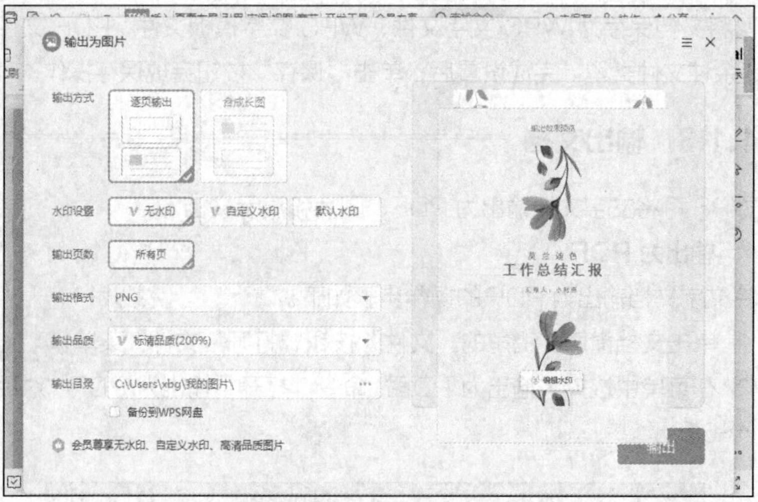

图 1-7 “输出为图片”对话框

⑥ 在“输出格式”下拉列表中选择输出图片的文件格式。

⑦ 在“输出品质”下拉列表中选择输出图片的品质。

⑧ 在“输出目录”输入框中输入图片的保存位置。用户可单击右侧的“…”按钮打开对话框选择保存位置。

⑨ 单击“输出”按钮，执行输出操作。

3. 输出为演示文档

将文字文档输出为演示文档的操作步骤如下。

① 单击文档窗口左上角的“文件”按钮，打开“文件”菜单。

② 在菜单中选择“输出为 pptx”命令，打开“输出为 pptx”对话框，如图 1-8 所示。

图 1-8 “输出为 pptx”对话框

③ 在“输出至”输入框中输入演示文档的保存位置。用户可单击右侧的“…”按钮打开对话框选择保存位置。

④ 单击“开始转换”按钮，执行转换操作。转换完成后，WPS 会自动打开演示文档。

学习笔记

1.1.4 打开文档

在系统桌面或文件夹中双击文档，可启动 WPS，并打开文档。

WPS 启动后，按【Ctrl + O】键，或在“文件”菜单中选择“打开”命令，打开“打开文件”对话框，如图 1-9 所示。

图 1-9 “打开文件”对话框

“打开文件”对话框和“另存文件”对话框类似，用户首先需要选择位置，然后在文件列表中双击文件即可将其打开。也可在单击文件后，单击“打开”按钮打开文件。

1.1.5 标签管理

1. 窗口管理模式切换

WPS 文字支持自主切换窗口管理模式。在传统“多组件模式”下，WPS 文字、WPS 表格、WPS 演示和 PDF 这 4 个组件分别单独使用不同窗口，桌面生成 4 个相应图标。在新版“整合模式”下，多种类型文档标签都整合到同一窗口中，桌面只生成唯一图标。

单击“WPS 文字”首页标签，打开 WPS 首页，单击“全局设置”按钮，在弹出的下拉菜单中选择“设置”命令，打开“设置中心”标签页，选择“切换窗口管理模式”命令，在弹出的对话框中选择整合模式，单击“确定”按钮后重启 WPS 文字使设置生效，如图 1-10 所示。

注意：该操作需要重启 WPS 文字，请提前关闭所有文字文档以免造成数据丢失。

2. 文字文档标签拆分组合

WPS 文字可以实现多标签页的自由拆分和组合，还可以将标签保存到自

学习笔记

定义工作区，使文字文档管理更高效。

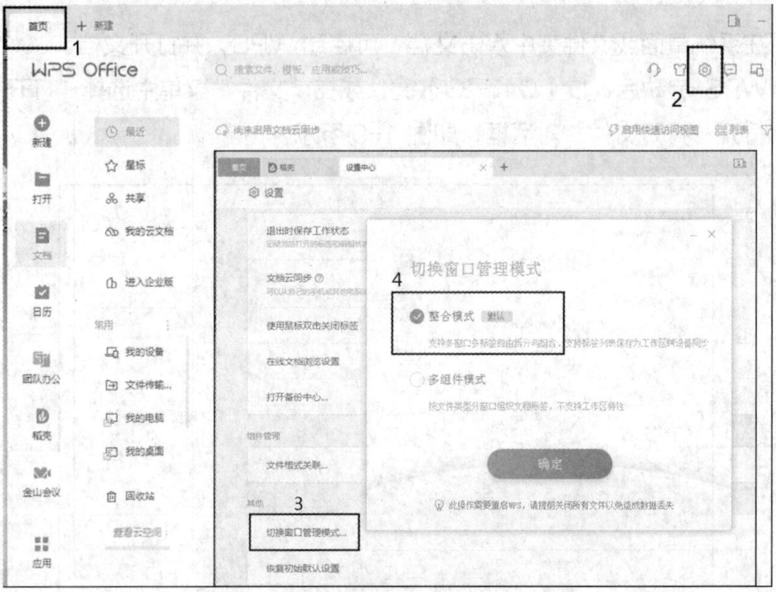

首页
新建
1
WPS Office
2
新建
打开
文档
日历
团队办公
稻壳
金山会议
应用
最近
星标
共享
我的云文档
进入企业版
常用
我的设备
文件传输...
我的电脑
我的桌面
回收站
设置中心
设置
退出时保存工作状态
文档云同步
使用鼠标双击关闭标签
在线文档浏览设置
打开备份中心...
文件格式关联...
3
切换窗口管理模式...
恢复初始默认设置
切换窗口管理模式
4
整合模式 默认
多组件模式
确定

图 1-10　切换窗口管理模式

（1）更改标签顺序

拖动文字文档标签，更改标签顺序，把标签设置成独立窗口或组合窗口。

（2）查看、切换工作区状态

单击标签栏右侧的“工作区/标签列表”按钮，可以查看和切换工作区状态，如图 1-11 所示。

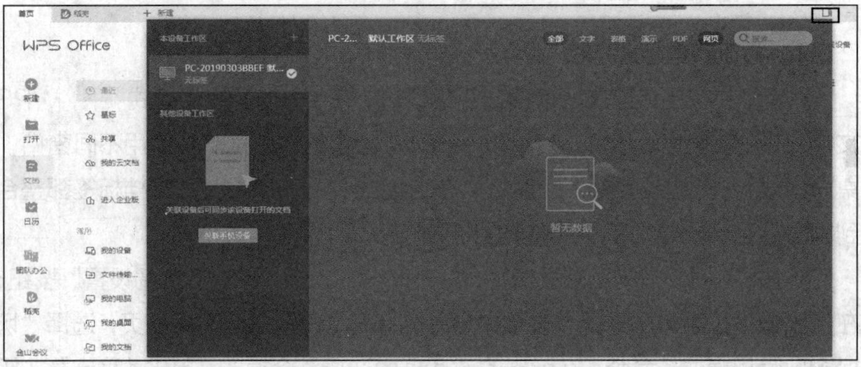

首页
稻壳
新建
WPS Office
PC-2... 默认工作区
全部
文字
PDF
网页
PC-20190303BBEF 默...
新建
打开
文档
日历
团队办公
稻壳
金山会议
星标
共享
我的云文档
进入企业版
我的设备
我的电脑
我的桌面
我的文档
暂无数据

图 1-11　查看和切换工作区状态

1.1.6　视图

WPS 提供多种视图，在日常查阅过程中，为了提高阅读与编辑的效率，可以根据情况使用不同的视图来查阅文档。

学习笔记

1. 全屏显示

全屏显示适合在演示汇报时使用，也可以在阅读文档时使用，整个视图将只显示文档内容。

切换至“视图”工具栏，单击“全屏显示”按钮，完成全屏显示。

2. 阅读版式

阅读版式是WPS文字新增的视图，为用户提供图书阅读形式的视图，自动布局内容。用户可以轻松翻阅文档，也可以便捷地使用目录导航、显示批注、突出显示、查找等功能。

切换至“视图”工具栏，单击“阅读版式”按钮，完成阅读版式显示。

3. 页面视图

页面视图是WPS文字默认的视图，可以显示文档的打印外观，主要包括页眉、页脚、图形对象、页面边距等，是非常接近打印结果的视图。

切换至“视图”工具栏，单击“页面”按钮，完成页面视图显示。

4. 大纲视图

大纲视图主要用于文档结构的设置和浏览，使用大纲视图可以迅速了解文档结构和内容大纲。

切换至“视图”工具栏，单击“大纲”按钮，完成大纲视图显示。

5. Web版式

Web版式通过网页形式显示文本文档，适用于发送电子邮件和创建网页。

切换至“视图”工具栏，单击“Web版式”按钮，完成Web版式显示。

1.2 文档编辑

新建空白文档或打开文档后，可在其中输入内容，执行各种编辑操作。输入和编辑是WPS文字的基本功能。

1.2.1 输入文本

1. 输入文本

在文档的编辑区，光标显示为闪烁的竖线，光标所在的位置称为插入点。通过键盘输入的内容，将输入至插入点的位置。随着内容的输入，插入点将自动向后移动。通过单击或按方向键可改变插入点的位置。

在输入过程中，按【Backspace】键可删除插入点前面的内容，按【Delete】键可删除插入点后面的内容。

2. 插入特殊符号

特殊符号不能通过键盘直接输入。要插入特殊符号，可在“插入”工具栏中单击“符号”下拉按钮 符号 ，打开符号下拉菜单，如图1-12所示。在符

学习笔记

号下拉菜单中单击需要的符号，可将其插入文档。

在“插入”工具栏中单击“符号”按钮Ω，可打开“符号”对话框，如图 1-13 所示。在对话框中双击需要的符号，或者在单击符号后，单击“插入”按钮，可将符号插入文档。

近期使用的符号：
≠ ¥ ①②③ № √ × ↓ → ↑ ←
‰ ¾ ½ ¼
自定义符号：
+ − × ÷ kg ㎜ ㎝ ㎡ α g α β
符号大全
符号 颜文字 更多 >
热门
序号
标点
数学
几何
单位
字母
语文
Ω 其他符号(M)...

图 1-12　符号下拉菜单

符号
符号(S) 特殊字符(P) 符号栏(T)
字体(F): 宋体 子集(U): 基本拉丁语
! " # $ % & ' ( ) * + , - .
/ 0 1 2 3 4 5 6 7 8 9 : ; < =
> ? @ A B C D E F G H I J K L
M N O P Q R S T U V W X Y Z [
\ ] ^ _ ` a b c d e f g h i j
近期使用过的符号(R):
≠ ¥ ① ② ③ № √ × ↓ → ↑ ← ‰ ¾ ½
字符代码(C): 0020 来自(M) Unicode(十六进制)
插入到符号栏(Y) 操作技巧 插入(I) 取消

图 1-13　“符号”对话框

符号下拉菜单一次只能插入一个符号，完成插入后菜单自动关闭。通过“符号”对话框可插入多个符号，直到手动关闭对话框。

3. 插入日期

在“插入”工具栏中单击“日期”按钮，打开“日期和时间”对话框，如图 1-14 所示。在对话框中双击需要使用的格式，或者在单击格式后，单击“确定”按钮，可将当前日期插入文档。

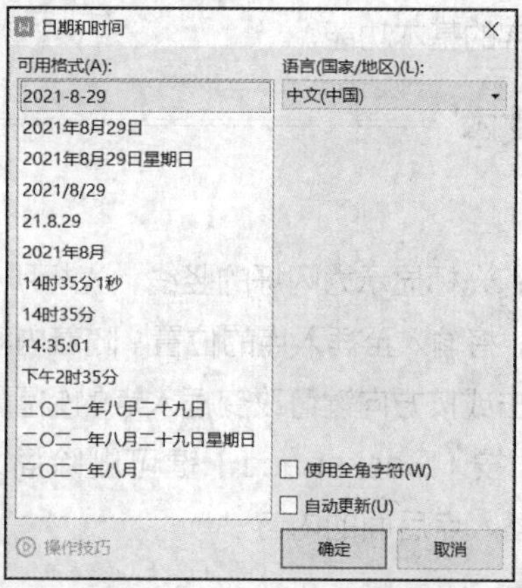

日期和时间
可用格式(A):
2021-8-29
2021年8月29日
2021年8月29日星期日
2021/8/29
21.8.29
2021年8月
14时35分1秒
14时35分
14:35:01
下午2时35分
二〇二一年八月二十九日
二〇二一年八月二十九日星期日
二〇二一年八月
语言(国家/地区)(L):
中文(中国)
使用全角字符(W)
自动更新(U)
操作技巧 确定 取消

图 1-14　“日期和时间”对话框

学习笔记

1.2.2 编辑操作

1. 移动插入点

在编辑文档时，往往需要移动插入点，然后在插入点执行输入或编辑操作等。单击需要定位插入点的位置，可将插入点移动到该位置，还可通过键盘移动插入点。

可使用下面的快捷键移动插入点。

- 按【←】键：将插入点向左移动一个字符。
- 按【→】键：将插入点向右移动一个字符。
- 按【↑】键：将插入点向上移动一行。
- 按【↓】键：将插入点向下移动一行。
- 按【Home】键：将插入点移动到当前行行首。
- 按【End】键：将插入点移动到当前行末尾。
- 按【Ctrl + Home】键：将插入点移动到文档开头。
- 按【Ctrl + End】键：将插入点移动到文档末尾。
- 按【Page Down】键：将插入点向下移动一页。
- 按【Page Up】键：将插入点向上移动一页。

2. 选择内容

在执行复制、移动、删除或设置格式等操作时，往往需要先选择内容。可使用下面的方法选择内容。

- 选择连续内容：单击开始位置，按住【Shift】键，再单击末尾位置。或者在按住【Shift】键的同时，按快捷键移动插入点。
- 选择多段不相邻的内容：选中第一部分内容后，按住【Ctrl】键，再单击另一部分开始位置，按住鼠标左键拖动选择连续内容。
- 选择词组：双击可选中词组。
- 选择一行：将鼠标指针移动到编辑区左侧，鼠标指针变成↗形状时单击。
- 选择一个段落：将鼠标指针移动到编辑区左侧，鼠标指针变成↗形状时双击。或者将鼠标指针移动到要选择的行中，连续 3 次单击。
- 选择整个文档：将鼠标指针移动到编辑区左侧，鼠标指针变成↗形状时，连续 3 次单击。或者按【Ctrl + A】键。
- 选择矩形区域：按住【Alt】键，再按住鼠标左键拖动。

3. 复制粘贴内容

复制粘贴内容包括复制和粘贴两个步骤。

① 选中要复制的内容后，按【Ctrl + C】键，或者在“开始”工具栏中单击“复制”按钮，或者用鼠标右键单击选中的内容，然后在弹出的快捷菜单中选择“复制”命令，执行复制操作。

学习笔记

② 将插入点定位到要粘贴内容的位置，按【Ctrl + V】键，或者在“开始”工具栏中单击“粘贴”按钮，或者在插入点单击鼠标右键，然后在弹出的快捷菜单中选择“粘贴”命令，执行粘贴操作。

执行粘贴操作时，可单击“开始”工具栏中的“粘贴”下拉按钮 粘贴 ，打开粘贴下拉菜单，在其中选择“保留源格式”“匹配当前格式”“只粘贴文本”“选择性粘贴”命令，选择粘贴方式。也可在右击弹出的快捷菜单中选择粘贴方式。

4. 移动内容

移动内容包括剪切和粘贴两个步骤。

① 选中要移动的内容后，按【Ctrl + X】键，或者在“开始”工具栏中单击“剪切”按钮，或者用鼠标右键单击选中的内容，然后在弹出的快捷菜单中选择“剪切”命令，执行剪切操作。

② 将插入点定位到要粘贴内容的位置，按【Ctrl + V】键，或者在“开始”工具栏中单击“粘贴”按钮，或者在插入点单击鼠标右键，然后在弹出的快捷菜单中选择“粘贴”命令，执行粘贴操作。

也可以在选中内容后，将鼠标指针移动到选中内容上方，按住鼠标左键拖动，将选中内容拖动到其他位置。

5. 查找与替换

查找功能用于在文档中快速定位关键词。使用查找功能的操作步骤如下。

① 在菜单栏中单击“视图”按钮，打开“视图”工具栏。

② 在“视图”工具栏中单击“导航窗格”按钮，打开导航窗格。

③ 单击导航窗格中的“查找和替换”按钮，打开“查找和替换”窗格，如图 1-15 所示。

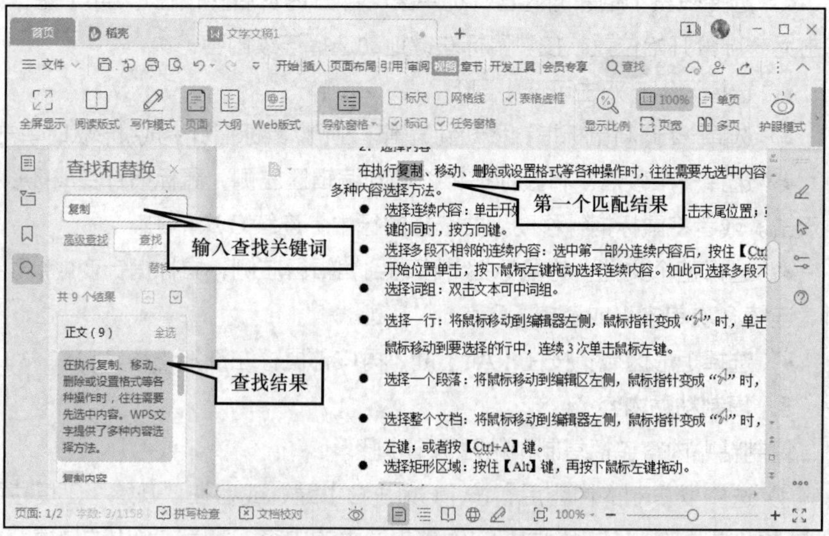

图 1-15 “查找和替换”窗格

学习笔记

④ 在“查找和替换”窗格中输入要查找的关键词，如“复制”，然后按【Enter】键或单击“查找”按钮，执行查找操作。

⑤“查找和替换”窗格下方会显示匹配结果数量和查找结果。在查找结果和文档中，匹配结果用黄色背景标注，并将第一个匹配结果显示在窗口中。在查找结果中单击包含匹配结果的段落，可使该段落在窗口中显示。

⑥ 单击“查找和替换”窗格中的“上一条”按钮和“下一条”按钮，可按顺序向上或向下在文档中切换匹配的查找结果。

替换功能用于将匹配的查找结果替换为指定内容。使用替换功能的操作步骤如下。

① 在“查找和替换”窗格中输入关键词执行查找操作。

② 单击“显示替换选项”按钮替换，在导航窗格中将显示替换选项，如图1-16所示。替换选项显示后，“显示替换选项”按钮替换变为“隐藏替换选项”按钮替换，单击它可隐藏替换选项。

③ 输入替换内容。单击“替换”按钮，按先后顺序替换匹配的查找结果，单击一次将替换一个查找结果；单击“全部替换”按钮，可替换全部匹配的查找结果。

在“查找和替换”窗格中单击“高级查找”按钮，或单击“开始”工具栏中的“查找”按钮，或者按【Ctrl+F】键，打开“查找和替换”对话框，如图1-17所示。

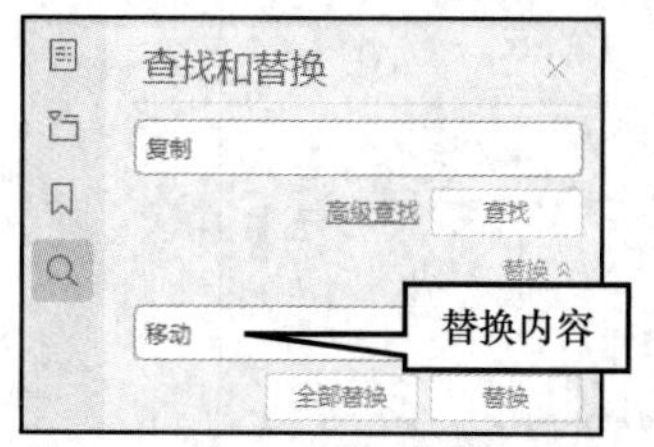

图1-16 替换

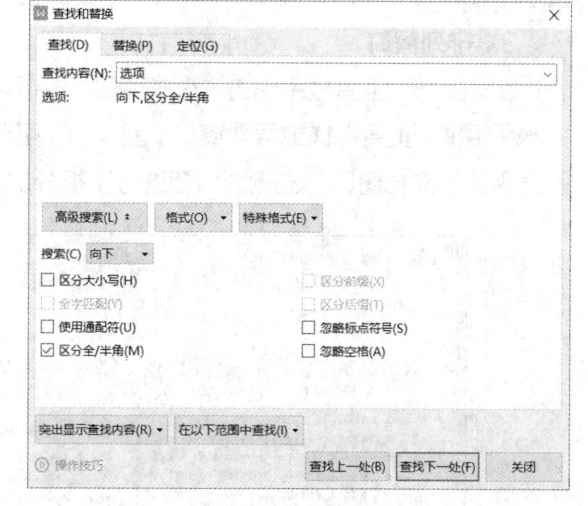

图1-17 “查找和替换”对话框

“查找和替换”对话框的“查找”选项卡用于执行查找操作，“替换”选项卡用于执行替换操作，“定位”选项卡用于执行定位插入点操作。

单击“高级搜索”按钮，可显示或隐藏高级搜索选项，显示高级搜索选项时，可在搜索时执行相应操作。

学习笔记

单击“格式”按钮，打开下拉菜单，在菜单中可选择设置字体、段落、制表符、样式、突出显示等格式，在搜索时匹配指定格式。

单击“特殊格式”按钮，打开下拉菜单，在菜单中选择要查找的特殊格式，如段落标记、制表符、图形、分节符等。

6. 撤销和恢复

在编辑文档时，按【Ctrl + Z】键或单击快速访问工具栏中的“撤销”按钮，可撤销之前执行的操作。单击“撤销”按钮右侧的下拉按钮，打开操作列表，单击列表中的操作，可撤销该操作以及它之前的所有操作。

按【Ctrl + Y】键，或单击快速访问工具栏中的“恢复”按钮，可恢复之前撤销的操作。

1.2.3 多窗口编辑文档

默认情况下，WPS 用户在一个窗口中编辑文档。WPS 也支持用户使用多个窗口编辑同一个文档，以便用户在不同窗口中分别编辑同一个文档的不同部分。

1. 新建窗口

在“视图”工具栏中单击“新建窗口”按钮，可为当前文档另建一个新窗口。

2. 拆分窗口

在“视图”工具栏中单击“拆分窗口”按钮，可将当前文档窗口拆分为上下两部分。单击“拆分窗口”右侧的下拉按钮，打开下拉菜单，在其中可选择按水平或垂直方向拆分窗口。

3. 排列窗口

在“视图”工具栏中单击“重排窗口”按钮，打开下拉菜单，在其中可选择水平平铺、垂直平铺或层叠窗口。图 1-18 所示为多窗口编辑文档，其中有垂直平铺的文档窗口，左侧窗口还进行了拆分。

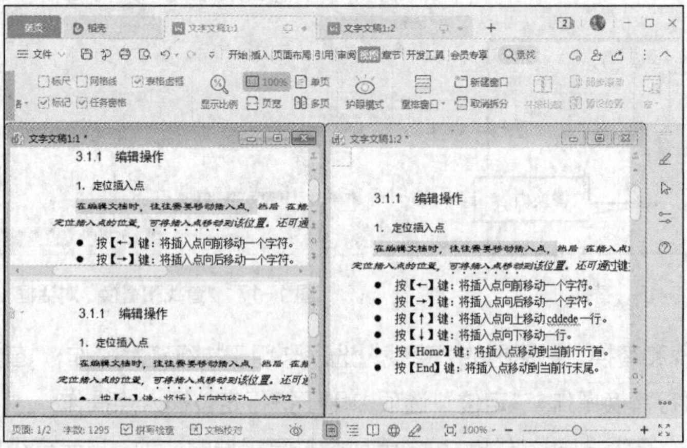

图 1-18 多窗口编辑文档

学习笔记

1.2.4 文本格式

文本格式可对文档中的文字设置各种格式，给用户良好的阅读体验。

1. 设置字体

选中文本后，可在“开始”工具栏中的“字体”组合框中输入字体名称，或者单击组合框右侧的下拉按钮，打开字体列表，从列表中选择字体。“字体”组合框会显示插入点前面文本的字体。图 1-19 展示了设置为不同字体的文本。

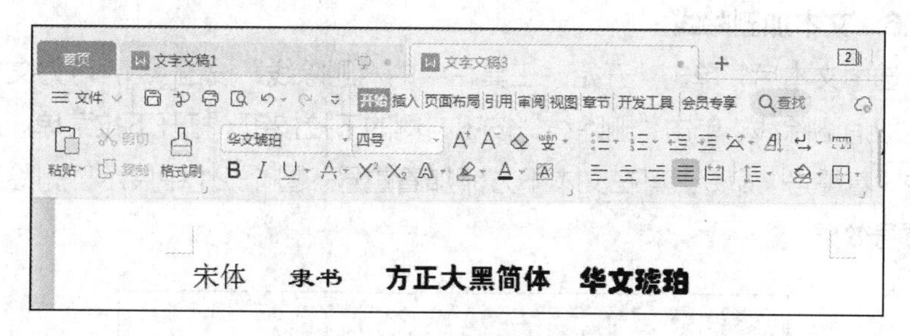

图 1-19　不同字体的文本

2. 设置字号

选中文本后，可在“开始”工具栏中的“字号”组合框中输入字号大小，或者单击组合框右侧的下拉按钮，打开字号列表，从列表中选择字号。可在“字号”组合框中输入字号列表中未包含的字号。例如，在“字号”组合框中输入“200”，可设置超大文字。

选中文本后，单击“开始”工具栏中的“增大字号”按钮或按【Ctrl +]】键，可增大字号；单击“减小字号”按钮或按【Ctrl + [】键，可减小字号。图 1-20 展示了设置为不同字号的文本。

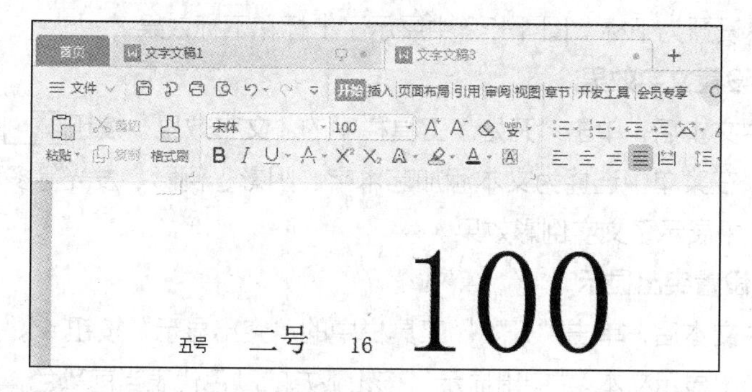

图 1-20　不同字号的文本

3. 文本加粗

选中文本后，单击“开始”工具栏中的“加粗”按钮B或按【Ctrl + B】键，可为文本添加或取消加粗效果。图 1-21 中展示了加粗和未加粗效果。

学习笔记

4. 文本斜体

选中文本后，单击“开始”工具栏中的“斜体”按钮或按【Ctrl + I】键，可为文本添加或取消斜体效果。图 1-21 中展示了斜体效果。

5. 文本加下画线

选中文本后，单击“开始”工具栏中的“下画线”按钮或按【Ctrl + U】键，可为文本添加或取消下画线。单击“下画线”按钮右侧的下拉按钮，打开下拉菜单，在其中可选择下画线样式以及设置下画线颜色。图 1-21 中展示了标准下画线和红色波浪下画线效果。

6. 文本加删除线

选中文本后，单击“开始”工具栏中的“删除线”按钮，可为文本添加或取消删除线。单击“删除线”按钮右侧的下拉按钮，打开下拉菜单，选择其中“着重号”命令，可在文本下方添加着重号。图 1-21 中展示了删除线和着重号效果。

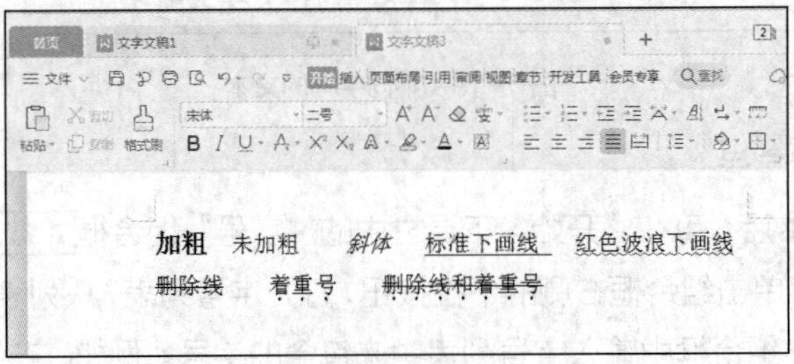

图 1-21　各种文本效果 1

7. 上标和下标

选中文本后，单击“开始”工具栏中的“上标”按钮，可将所选文本设置为上标。选中文本后，单击“开始”工具栏中的“下标”按钮，可将所选文本设置为下标。图 1-22 中展示了上标和下标效果。

8. 设置文字效果

选中文本后，单击“开始”工具栏中的“文字效果”按钮，打开下拉菜单，在菜单中选择为文本添加艺术字、阴影、倒影、发光等多种效果。图 1-22 中展示了文字倒影效果。

9. 设置突出显示

选中文本后，单击“开始”工具栏中的“突出显示”按钮，添加背景颜色以突出显示文本。“突出显示”按钮下方的颜色代表当前颜色，可单击按钮右侧的下拉按钮，打开下拉菜单，从菜单中可选择其他背景颜色。图 1-22 中展示了突出显示效果。

10. 设置文本颜色

选中文本后，单击“开始”工具栏中的“字体颜色”按钮，为文本设置颜色。“字体颜色”按钮下方的颜色代表当前颜色，可单击按钮右侧的下拉按钮，打开下拉菜单，从菜单中可选择文本颜色。图 1-22 中展示了红色文字效果。

学习笔记

11. 设置字符底纹

选中文本后，单击“开始”工具栏中的“字符底纹”按钮A，可为文本添加或取消底纹。图 1-22 中展示了字符底纹效果。

12. 为汉字添加拼音

选中文本后，单击“开始”工具栏中的“拼音指南”按钮wén文，打开“拼音指南”对话框，如图 1-23 所示。在对话框中可设置拼音的对齐方式、偏移量、字体、字号等相关选项，或者删除已添加的拼音。图 1-22 中展示了为文本添加拼音效果。

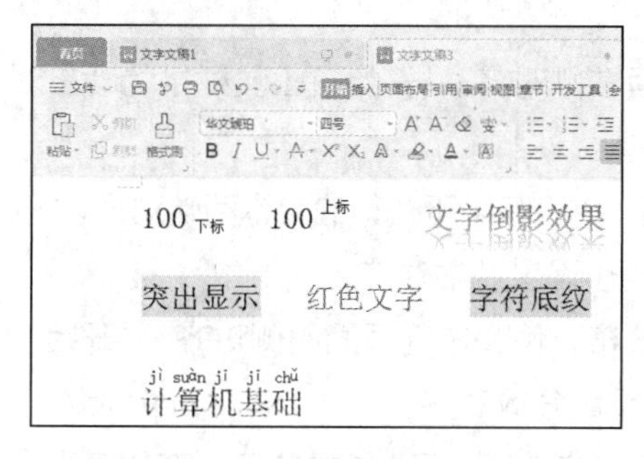

图 1-22　各种文本效果 2

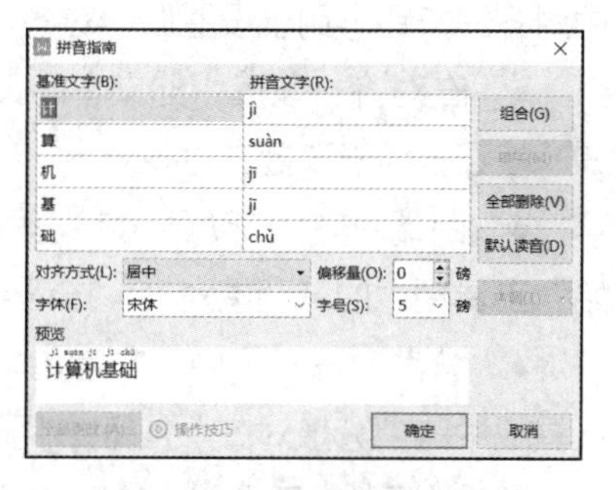

图 1-23　“拼音指南”对话框

13. “字体”对话框

单击“开始”工具栏的“字体”组右下角的按钮，或者单击鼠标右键，在弹出的快捷菜单中选择“字体”命令，打开“字体”对话框，如图 1-24 所示。

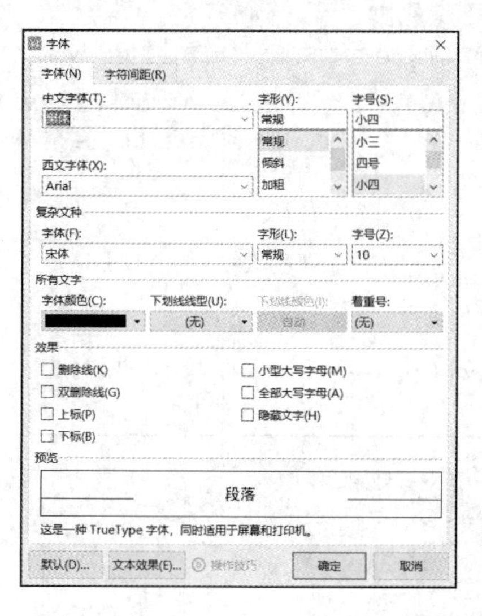

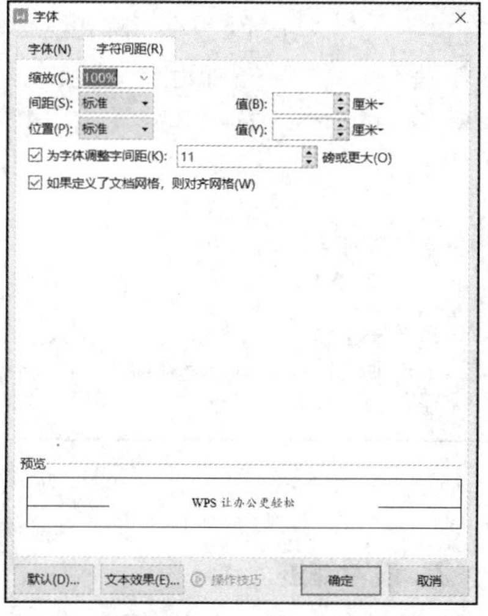

图 1-24　“字体”对话框

学习笔记

在“字体”对话框的“字体”选项卡中，可设置与文本字体相关的选项；在“字符间距”选项卡中，可设置字符间距等。单击选项卡下方的“操作技巧”按钮，可打开浏览器查看字体设置技巧视频教程。

1.2.5 段落格式

段落格式包括对齐方式、缩进和行距等。

1. 设置段落对齐方式

段落对齐方式如下。

- 左对齐：段落中的文本向页面左侧对齐。“开始”工具栏中的“左对齐”按钮三用于设置左对齐。
- 居中对齐：段落中的文本向页面中间对齐。“开始”工具栏中的“居中对齐”按钮三用于设置居中对齐。
- 右对齐：段落中的文本向页面右侧对齐。“开始”工具栏中的“右对齐”按钮三用于设置右对齐。
- 两端对齐：自动调整字符间距，使段落中所有行的文本两端对齐。“开始”工具栏中的“两端对齐”按钮三用于设置两端对齐。
- 分散对齐：行中的文字均匀分布，使文本向页面两侧对齐。“开始”工具栏中的“分散对齐”按钮目用于设置分散对齐。

单击“开始”工具栏中的各种段落对齐按钮，可为选中内容所在段落设置对齐方式。如果没有选中内容，则为插入点所在段落设置对齐方式。图 1-25 展示了各种对齐效果。

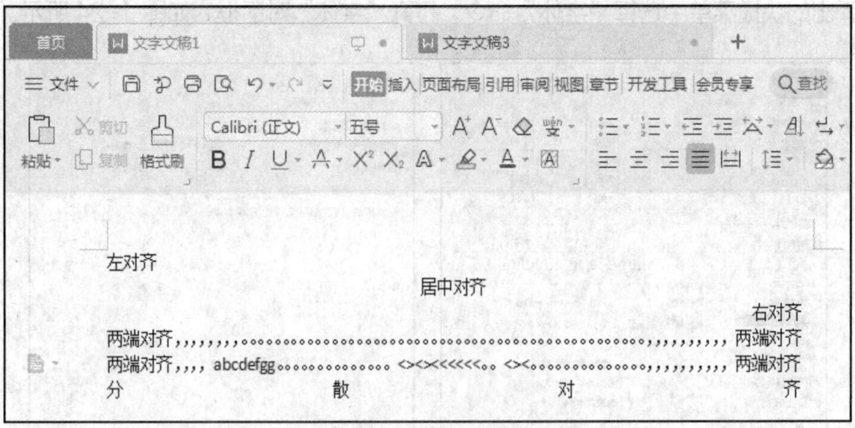

图 1-25　段落对齐效果

2. 设置缩进

段落的各种缩进含义如下。

学习笔记

- 左缩进：段落左边界距离页面左侧的缩进量。
- 右缩进：段落右边界距离页面右侧的缩进量。
- 首行缩进：段落第 1 行第 1 个字符距离段落左边界的缩进量。
- 悬挂缩进：段落第 2 行开始的所有行距离段落左边界的缩进量。

图 1-26 展示了各种缩进效果。

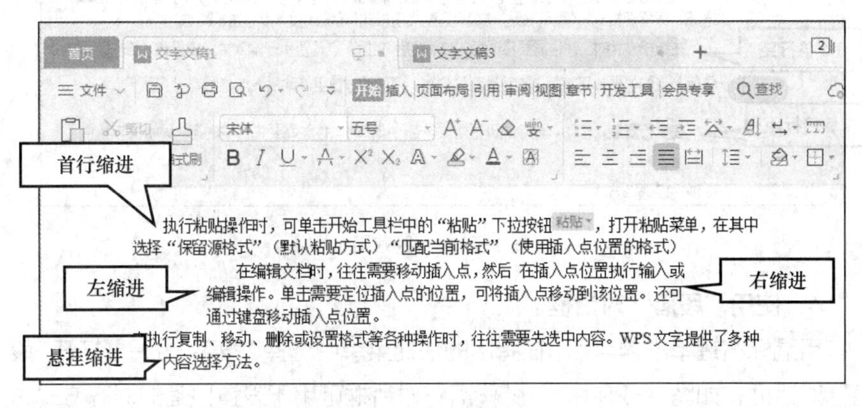

图 1-26　段落缩进

在“开始”工具栏中，单击“减少缩进量”按钮，可减少插入点所在段落的左缩进量；单击“增加缩进量”按钮，可增加插入点所在段落的左缩进量。

也可使用标尺调整段落缩进量。在“视图”工具栏中选中“标尺”复选框☑标尺，在页面的顶端和左侧显示标尺，拖动标尺中的滑块可调整缩进量，如图 1-27 所示。

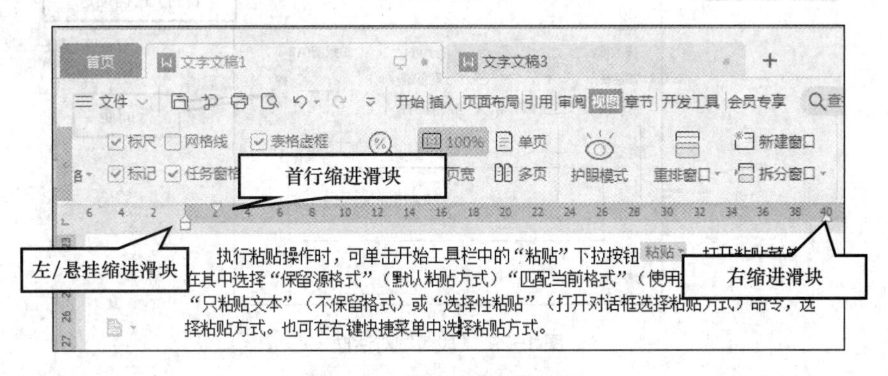

图 1-27　使用标尺调整缩进量

3. 设置行距

行距指段落中行之间的间距。单击“开始”工具栏中的“行距”按钮，打开下拉菜单，选择其中的命令可为选中内容所在的段落设置行距。图 1-28 展示了几种行距效果。

学习笔记

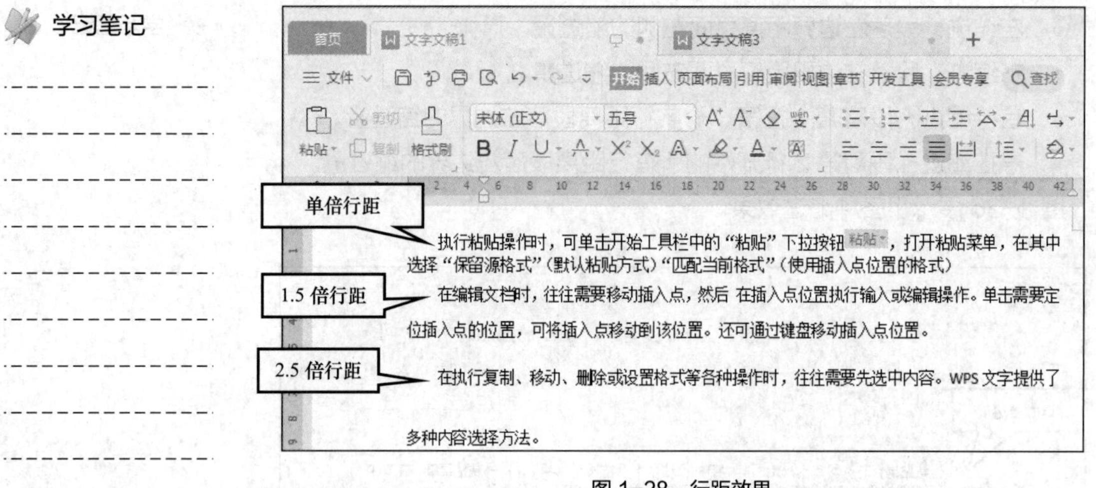

图 1-28　行距效果

4. 使用“段落”对话框

用鼠标右键单击内容后，在弹出的快捷菜单中选择“段落”命令，打开“段落”对话框，如图 1-29 所示。“段落”对话框可用于设置段落的对齐方式、缩进、间距等各种段落格式。

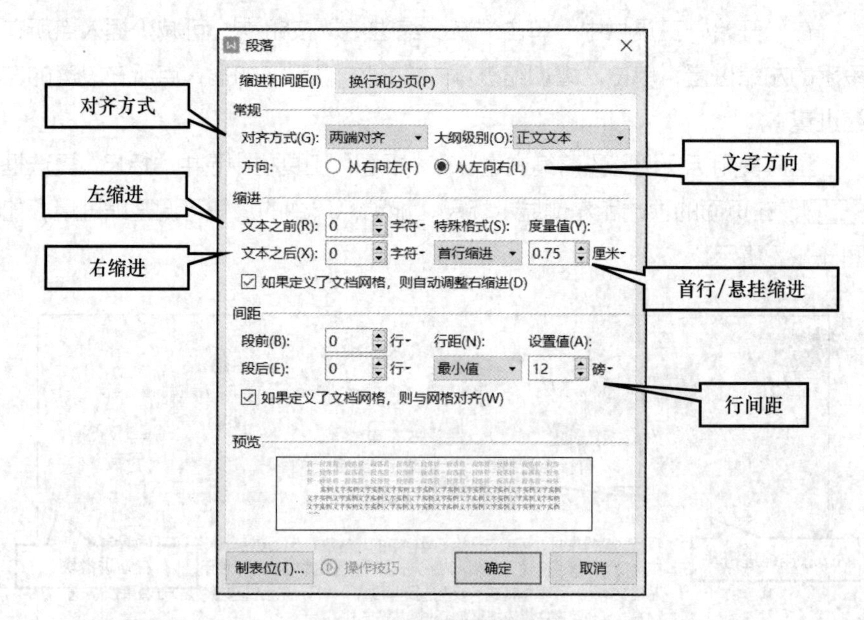

图 1-29　“段落”对话框

5. 设置段落边框

在“开始”工具栏中单击“边框”按钮，可为选中内容所在的段落添加或取消边框。单击“边框”按钮右侧的下拉按钮，打开边框下拉菜单，在其中可选择各种边框，包括取消边框。图 1-30 展示了添加外侧框线效果以及边框下拉菜单。

学习笔记

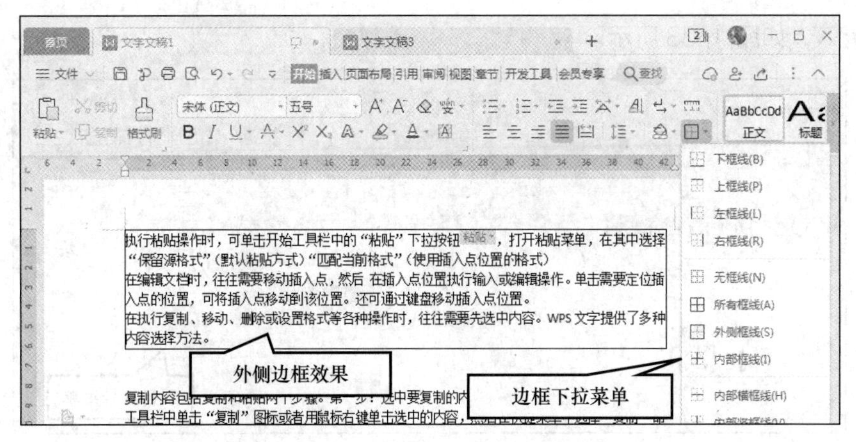

图 1-30　段落边框效果及边框下拉菜单

6. 设置底纹

在“开始”工具栏中单击“底纹颜色”按钮，可为所选内容添加或取消底纹；无选中内容时，为插入点所在的段落添加或取消底纹。单击“底纹颜色”按钮右侧的下拉按钮，打开下拉菜单，在其中可选择底纹颜色或者取消底纹颜色。图 1-31 展示了底纹颜色效果及底纹颜色菜单。

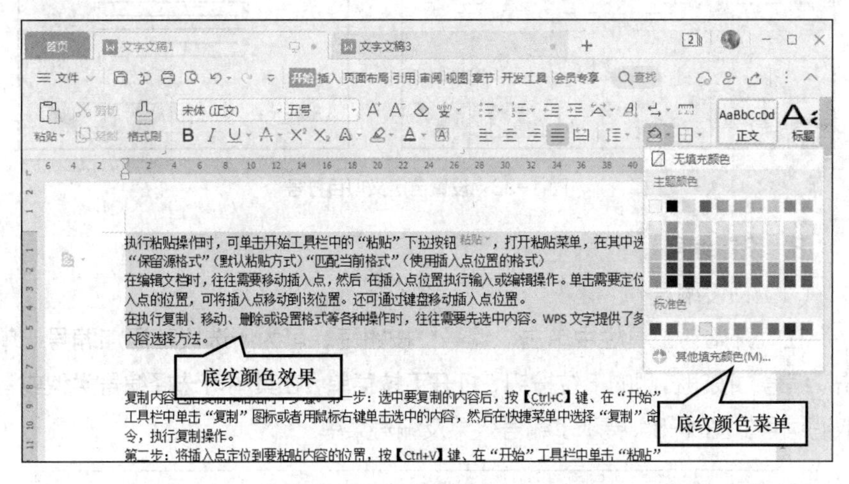

图 1-31　底纹颜色效果及底纹颜色菜单

7. 设置项目符号

（1）预设项目符号

在“开始”工具栏中单击“项目符号”按钮，可为所选段落添加项目符号。单击“项目符号”按钮右侧的下拉按钮，打开下拉菜单，在其中可选择项目符号类型或者取消项目符号。图 1-32 展示了项目符号效果及项目符号菜单。

（2）自定义项目符号

若在预设项目符号中没有想要的样式，则可在自定义项目符号中设置。打开“自定义项目符号列表”对话框，在对话框中可以设置项目符号的字体、位

学习笔记

置等，如图 1-33 所示。

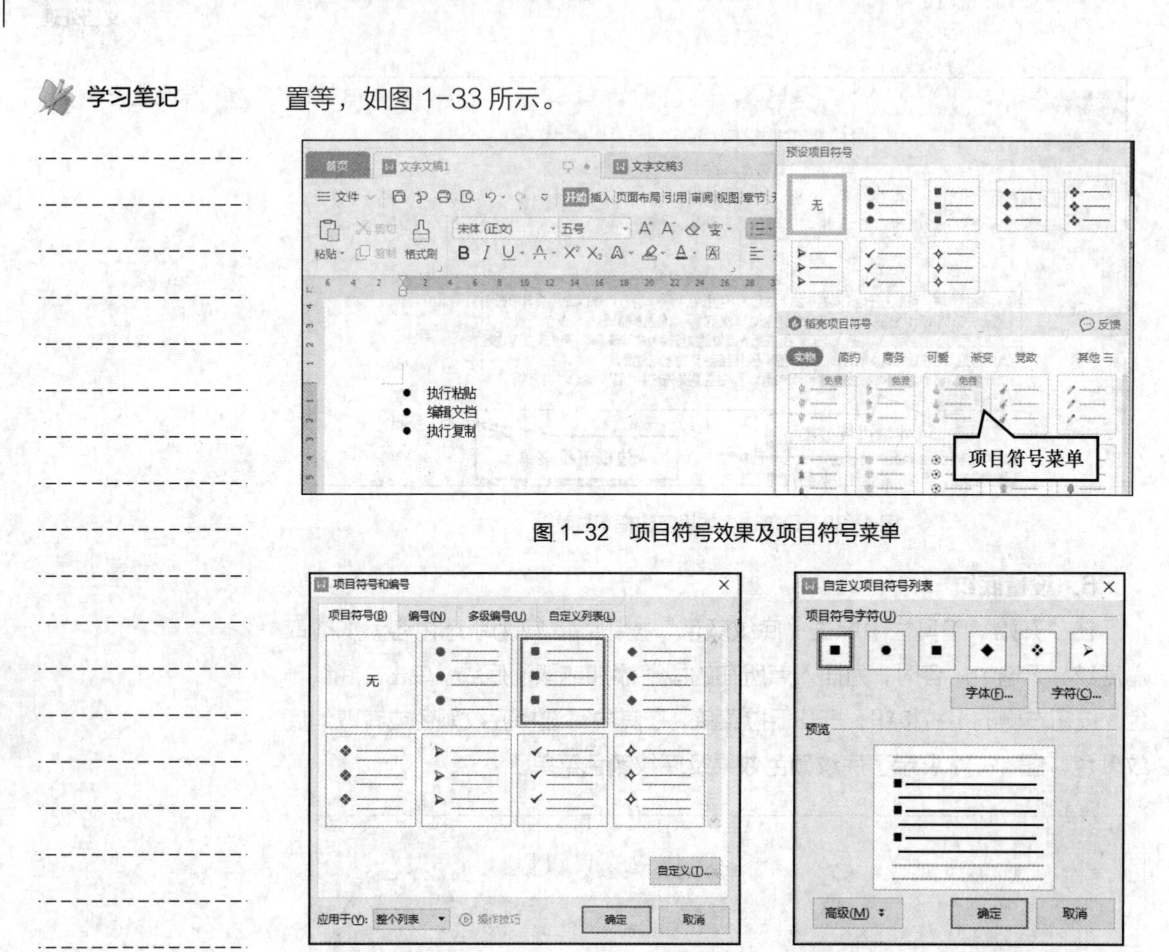

图 1-32　项目符号效果及项目符号菜单

图 1-33　设置自定义项目符号

8. 设置编号

（1）预设编号

在“开始”工具栏中单击“编号”按钮，可为所选段落添加编号。单击“编号”按钮右侧的下拉按钮，打开下拉菜单，在其中可选择编号类型或者取消编号。图 1-34 展示了编号效果及编号菜单。

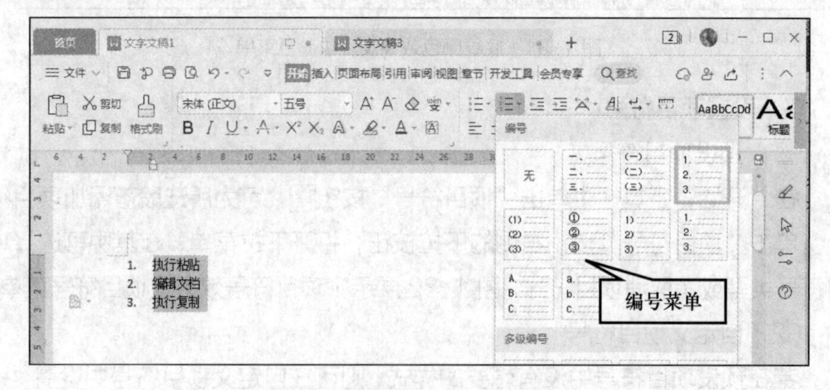

图 1-34　编号效果及编号菜单

学习笔记

在编号下拉菜单中，可选择为段落设置多级编号。图1-35展示了多级编号效果。

设置多级编号后，段落默认从第一级开始编号。在第一级编号段落末尾按【Enter】键添加新段落时，新段落按顺序使用第一级编号。此时，可按【Tab】键或者单击“开始”工具栏中的“增加缩进量”按钮，可令新段落编号增加一级；按【Shift + Tab】键或者单击“开始”工具栏中的“减少缩进量”按钮，可令新段落的编号减少一级。

（2）自定义编号

如果在预设编号中没有找到合适的编号，可以在自定义编号中进行设置。单击“编号”按钮右侧的下拉按钮，在下拉菜单中选择“自定义编号”，打开“项目符号和编号”对话框，如图1-36所示。在“自定义列表”选项卡中可以自定义编号格式、样式等。

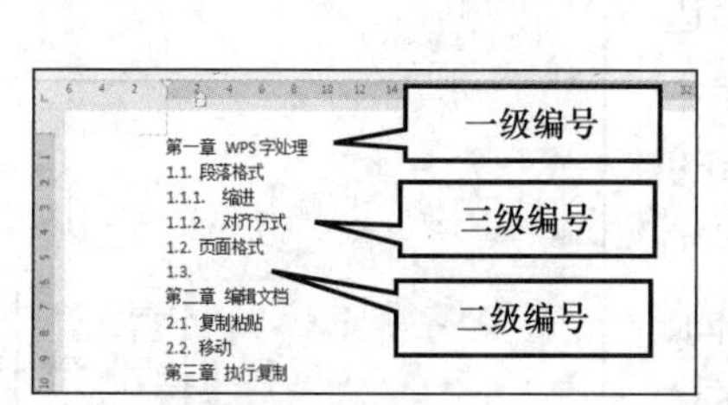

图1-35 多级编号效果

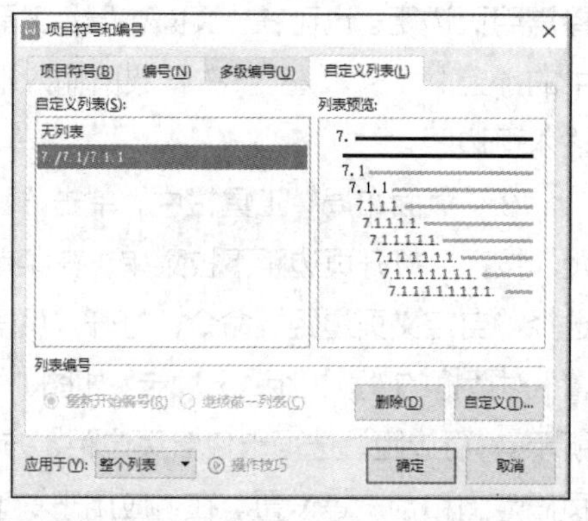

图1-36 “项目符号和编号”对话框

9. 设置段落首字下沉

首字下沉指段落的第一个字可占据多行位置。单击“插入”工具栏中的“首字下沉”按钮，打开“首字下沉”对话框，如图1-37所示。在对话框中，可将首字下沉位置设置为无、下沉或悬挂，可以设置首字的字体、下沉行数以及距正文的距离等。图1-38展示了首字下沉和首字悬挂效果。

图1-37 “首字下沉”对话框

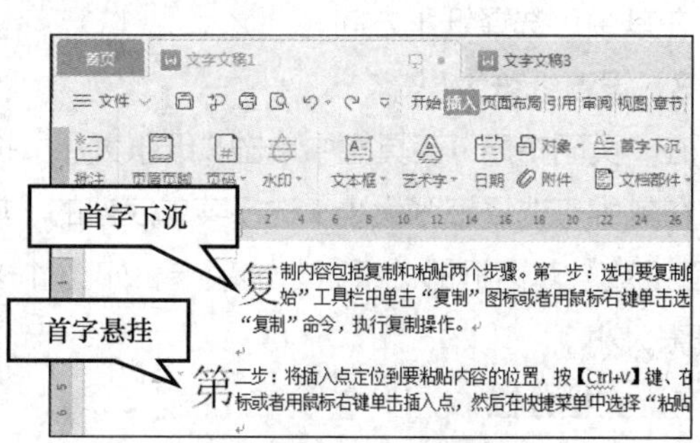

图1-38 首字下沉和首字悬挂效果

学习笔记

1.2.6 页面布局

在 WPS 菜单栏中单击“页面布局”按钮，可显示“页面布局”工具栏，工具栏中的“页面设置”组中包含页边距、纸张方向、纸张大小以及分栏等页面设置相关按钮，如图 1-39 所示。

图 1-39 页面设置相关按钮

1. 设置页边距

在“页面布局”工具栏中单击“页边距”按钮，可打开页边距下拉菜单，在其中可选择常用页边距。也可在“页面布局”工具栏中的“上”“下”“左”“右”数值输入框中输入页边距。

在“页面布局”工具栏中，单击“页边距”按钮，打开页边距下拉菜单，在菜单中选择“自定义页边距”命令，打开“页面设置”对话框的“页边距”选项卡，如图 1-40 所示。“页边距”选项卡包含页边距、方向、页码范围和预览等设置。在“应用于”下拉列表中，可选择将当前设置应用于整篇文档、本节或者是插入点之后。“页面设置”对话框的“页边距”“纸张”“版式”“文档网格”“分栏”等选项卡中均有“应用于”下拉列表，用于相关设置的应用范围。

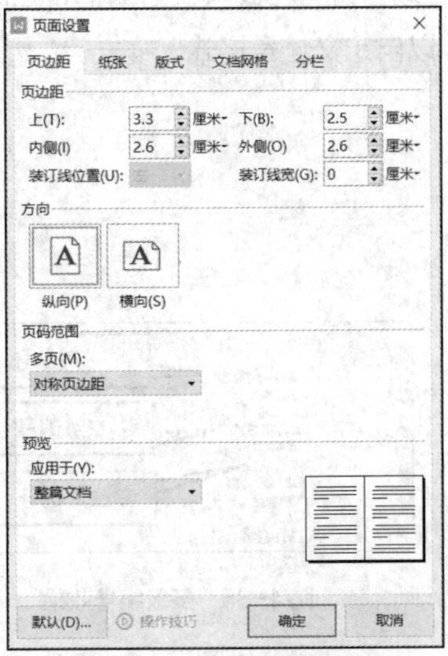

图 1-40 “页边距”选项卡

2. 设置纸张方向

在“页面布局”工具栏中单击“纸张方向”按钮，可打开纸张方向下拉菜单，在其中可选择纸张方向。

3. 设置纸张大小

在“页面布局”工具栏中单击“纸张大小”按钮，可打开纸张大小下拉菜单，在其中可选择纸张大小。选择菜单底部的“其他页面大小”命令，可打开“页面设置”对话框的“纸张”选项卡，如图 1-41 所示。在对话框中可自定义纸张大小。

4. 文档分栏

文档分栏可使整个文档或部分文档内容在一个页面中按两栏或多栏排列。

学习笔记

在“页面布局”工具栏中单击“分栏”按钮，可打开分栏下拉菜单，在其中可选择分栏方式，选择菜单中的“更多分栏”命令，可打开“分栏”对话框，如图 1-42 所示。在对话框中的“预设”栏中，可选择预设的分栏方式。在“栏数”数值输入框中可输入分栏数量。设置分栏数后，可分别设置每一栏的宽度和间距。在“应用于”下拉列表中可选择分栏设置的应用范围。“分栏”对话框和“页面设置”对话框中的“分栏”选项卡作用相同。

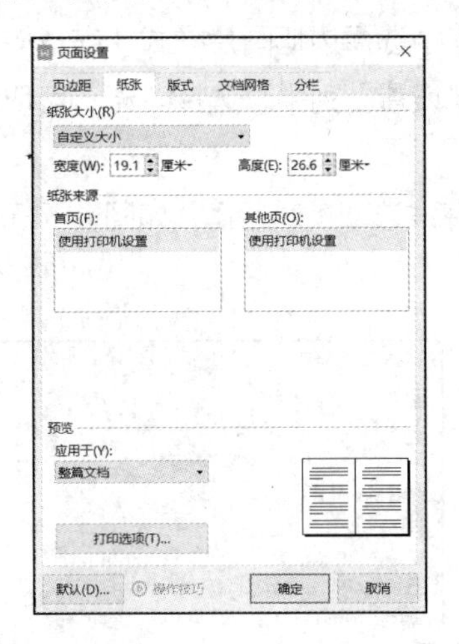

图 1-41 “纸张”选项卡

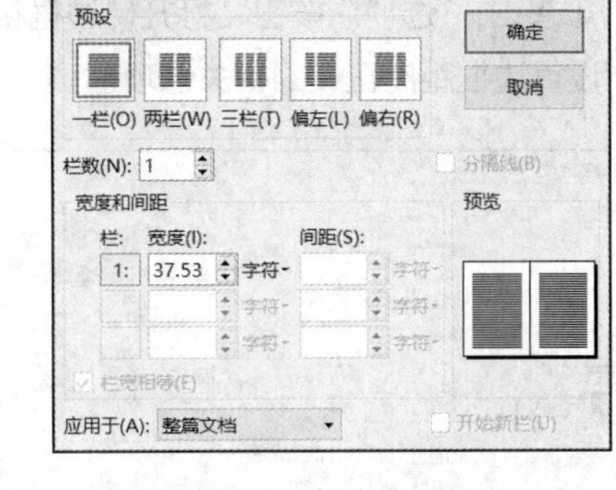

图 1-42 “分栏”对话框

当需要使较少的内容占据一栏时，可在文档中插入分栏符，分栏符之后的内容会在下一栏中显示。将插入点定位到需要分栏的位置，然后单击“页面布局”工具栏中的“分隔符”按钮，打开分隔符下拉菜单，选择其中的“分栏符”命令插入分栏符。

分隔符下拉菜单中的“下一页分节符”命令用于插入下一页分节符。下一页分节符用于分隔下一页的内容。被下一页分节符分隔的前后页面的纸张大小、纸张方向、页边距、分栏等设置可以不同。图 1-43 展示了三栏布局和使用分栏符、下一页分节符的效果。

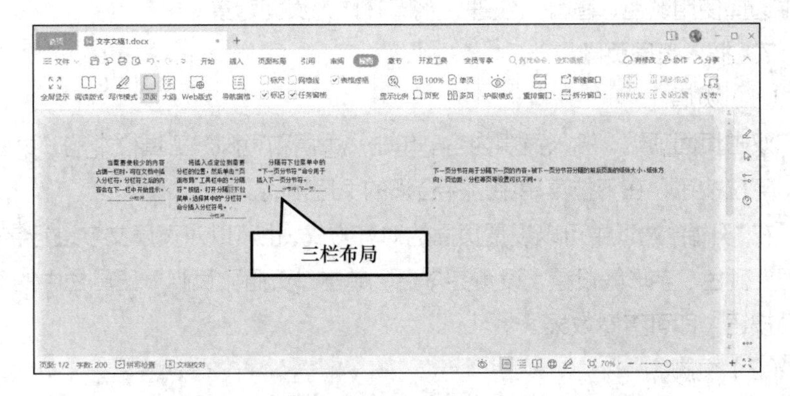

图 1-43 三栏布局和使用分栏符、下一页分节符的效果

学习笔记

5. 设置页面边框

设置页面边框的操作步骤如下。

① 在“页面布局”工具栏中单击“页面边框”按钮，打开“边框和底纹”对话框的“页面边框”选项卡，如图 1-44 所示。

② 在“设置”列表中，选择“方框”或“自定义”。在“线型”列表中选择边框线型，在“颜色”下拉列表中选择边框颜色，在“宽度”数值输入框中设置边框宽度，在“艺术型”下拉列表中选择边框图片样式，在“应用于”下拉列表中选择设置的应用范围。在“设置”列中，选择“无”可取消页面边框。

③ 单击“选项”按钮，打开“边框和底纹选项”对话框，如图 1-45 所示。设置边框距离正文的相关选项。

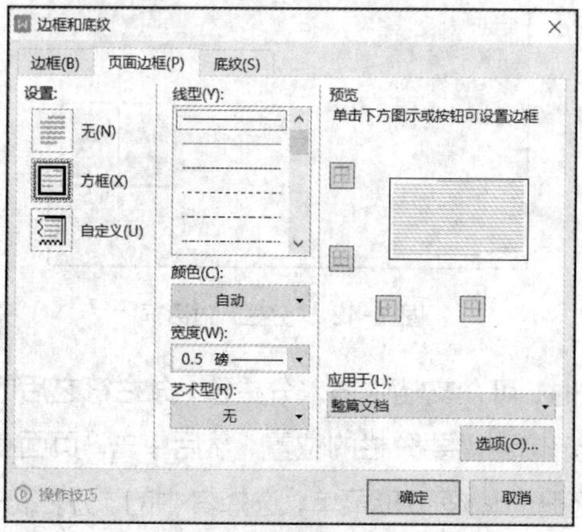

图 1-44 “页面边框”选项卡

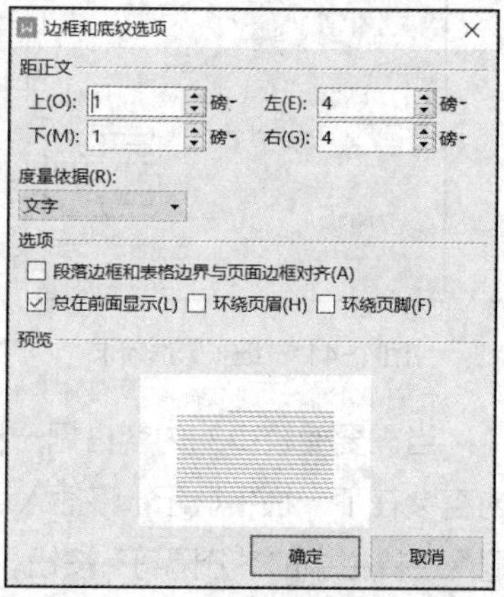

图 1-45 “边框和底纹选项”对话框

④ 设置完成后，单击“确定”按钮关闭对话框。

6. 设置页面背景

在“页面布局”工具栏中单击“背景”按钮，打开背景下拉菜单，可从菜单中选择使用颜色、图片、纹理、水印等作为页面背景。

7. 插入页眉页脚

（1）页眉

双击页面顶端，输入页眉内容。单击“页眉和页脚”工具栏中的“页眉横线”下拉按钮，在下拉菜单中选择合适的页眉横线。

在“开始”选项中可以设置页眉的对齐方式，也可以对页眉文字进行字体、字号、颜色、字形等设置。设置完毕后，单击“页眉和页脚”工具栏中的“关闭”按钮，即可查看效果。

（2）页脚

双击页面底端，显示“插入页码”浮动工具栏，单击“插入页码”按钮，在打开的下拉菜单中可设置页码样式、位置等，单击“确定”按钮，即可查看文档中插入的页码。

学习笔记

1.2.7 引用

1. 设置目录

（1）插入目录

将插入点定位在第一页的开头位置，单击“插入”工具栏中的“空白页”按钮，然后单击“引用”工具栏中的“目录”下拉按钮，在下拉菜单中选择“智能目录”命令下的二级目录格式，就可以在文档中插入目录，如图 1-46 所示。

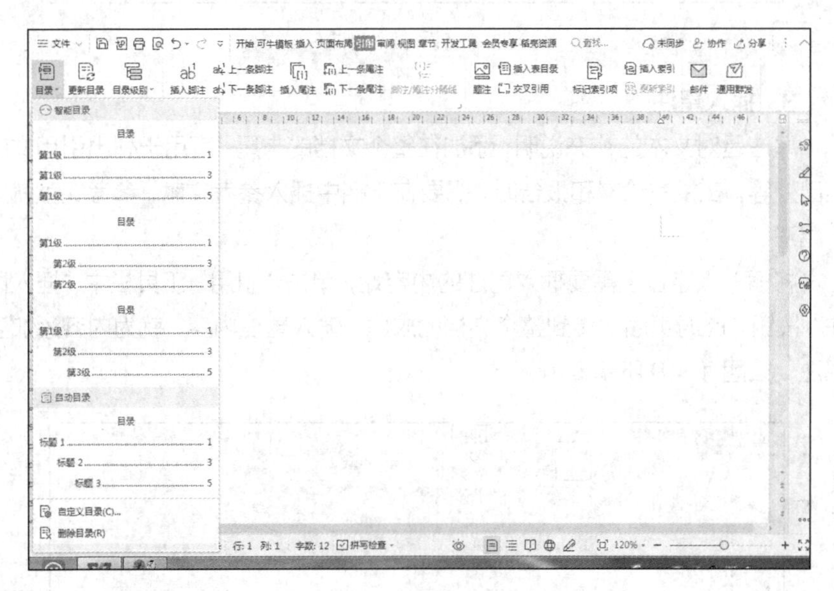

图 1-46 插入目录

（2）更新目录

如果文档中的标题或内容发生变化，需要更新目录，则可以单击“引用”工具栏中的“更新目录”，在打开的“更新目录”对话框中有“只更新页码”和“更新整个目录”两个单选按钮，如果只有文档中的内容发生变化，可以选中“只更新页码”单选按钮；如果文档中既有内容变化又有标题上的变化，则需要选中“更新整个目录”单选按钮。

2. 插入脚注

脚注一般是在对当前页面的某处内容进行注释，添加在当前页面的底端。

将插入点定位到需要插入脚注的位置，单击“引用”工具栏中的“插入脚注”按钮，此时页面会跳转到当前页面的底端，输入注释内容，这样就完成了脚注的添加，如图 1-47 所示。

如果要删除脚注，选中文档内的脚注号，按【Backspace】键即可。

学习笔记

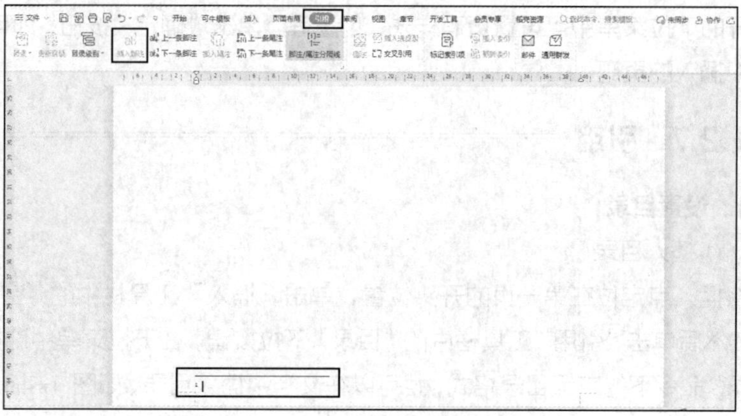

图 1-47　插入脚注

3. 插入尾注

尾注是对文本的补充说明，添加在整个文档的末尾，可用于列出引用文献的出处等。在撰写论文和报告时，需要在文档中插入参考文献，参考文献就属于尾注。

将插入点定位到需要插入尾注的内容处，单击“引用”工具栏中“插入尾注”按钮，此时页面跳转到整个文档的末尾，输入尾注内容，就为内容添加了尾注，如图 1-48 所示。

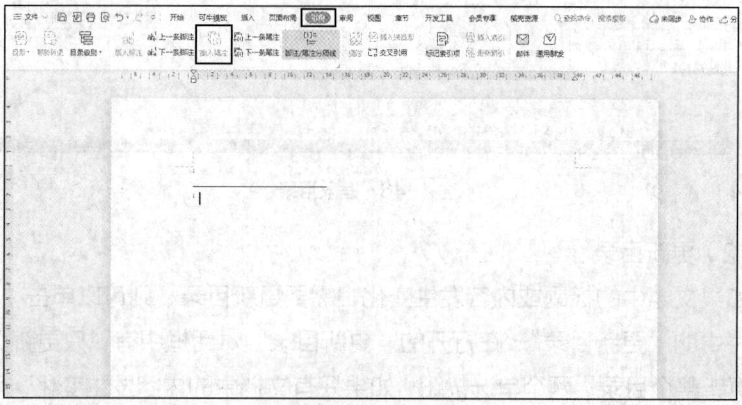

图 1-48　插入尾注

删除尾注的方法同删除脚注的方法。

4. 插入题注

通常，需要在文档中插入图片或表格补充文档内容。题注指的就是在图片、表格下方的一段简单描述，对图片、表格进行解释说明。

选中图片，单击“引用”工具栏中“题注”按钮，打开“题注”对话框，如图 1-49 所示，在“题注”输入框，输入对图片的描述，在“标签”下拉列表中可以选择表、图、公式等标签。

学习笔记

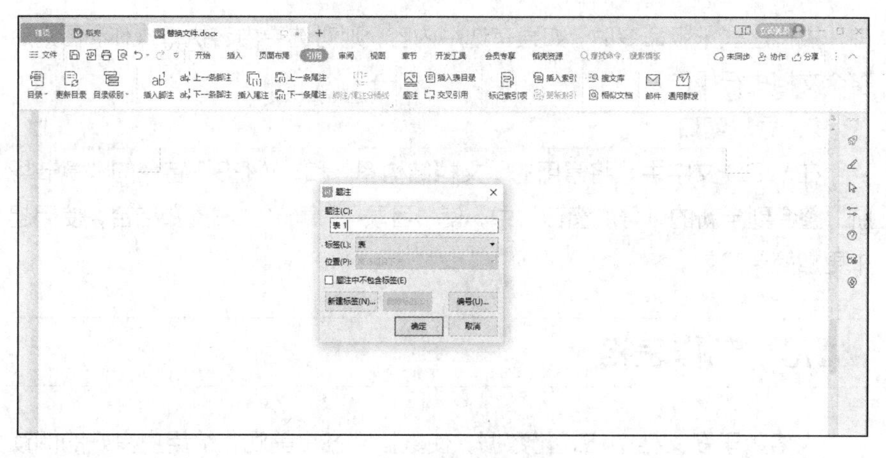

图 1-49 “题注”对话框

1.2.8 快捷排版

1. 快捷排版

WPS 提供了快捷排版命令，在“开始”工具栏中单击“文字排版”按钮，打开文字排版下拉菜单，如图 1-50 所示。

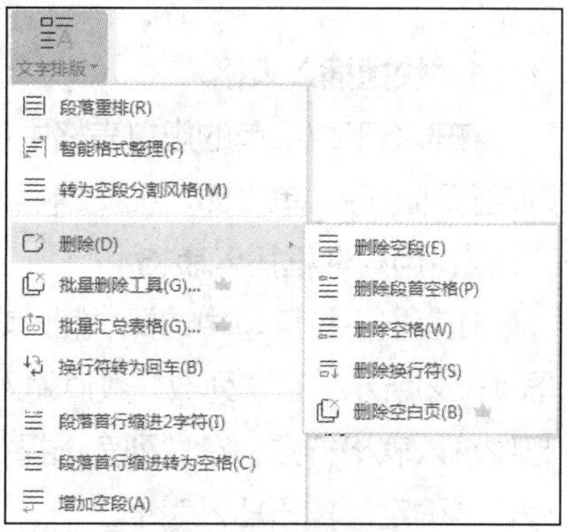

图 1-50 文字排版下拉菜单

文字排版下拉菜单中部分命令作用如下。

- 段落重排：取消现有排版格式，恢复为未排版样式。
- 智能格式整理：自动整理段落格式。
- 转为空段分割风格：在相邻的段落之间插入空段，已有空段的不插入，部分段落格式会变化。
- 删除\删除空段：删除空段。
- 删除\删除段首空格：删除段落开始部分的空格。
- 删除\删除空格：删除全部空格。
- 删除\删除换行符：删除全部换行符。
- 删除\删除空白页：删除空白页面。
- 批量删除工具：显示批量删除窗格。在批量删除窗格中，可批量删除空白内容、分隔符、文字格式以及对象等。
- 批量汇总表格：可提取文档中的表格，将表格转换为 WPS 表格。
- 换行符转为回车：将换行符转换为回车符。
- 增加空段：在相邻的段落之间插入空段，已有空段的不插入，不影响段落格式。

学习笔记

执行这些排版命令时，如果有选中内容，则对选中内容执行操作，否则对整个文档执行操作。

2. 导航窗口

在 WPS 文字中，将常用的“文档结构图”和“WPS”特色的“章节导航”整合到全新的“导航窗口”中，使“目录”“章节”“书签”结合，使用起来更加简洁高效。

1.3 制作表格

表格用于在文档中格式化数据，使数据整齐、美观，给用户良好的阅读体验。

1.3.1 创建表格

在“插入”工具栏中单击“表格”按钮，打开表格下拉菜单，如图 1-51 所示。

1. 快捷插入表格

在表格下拉菜单的虚拟表格中移动鼠标指针，可选择插入表格的行列数。确定行列数后，单击即可在文档插入点插入表格。

2. 用对话框插入表格

在表格下拉菜单中选择“插入表格”命令，打开“插入表格”对话框，如图 1-52 所示。在“列数”数值输入框中输入表格列数，在“行数”数值输入框中输入表格行数，在“列宽选择”栏中根据需要设置固定列宽或自动列宽。单击“确定”按钮插入表格。

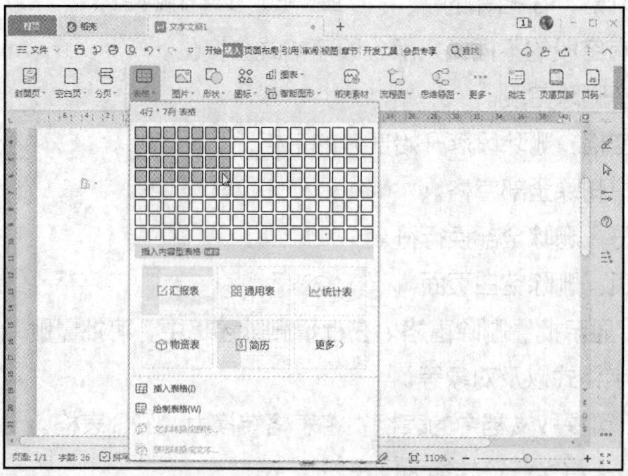

图 1-51　表格下拉菜单

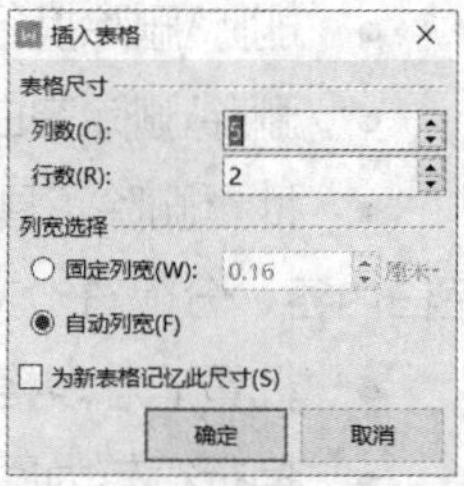

图 1-52　“插入表格”对话框

学习笔记

3. 绘制表格

在表格下拉菜单中选择“绘制表格”命令，然后在文档中按住鼠标左键拖动绘制表格。绘制的表格默认文字环绕方式为“环绕”。表格可放在页面任意位置。如果要取消文字环绕，可用鼠标右键单击表格，在弹出的快捷菜单中选择“表格属性”命令，打开表格属性对话框，在其中将文字环绕设置为“无”即可。

4. 将文字转换为表格

选中要转换的文字内容，然后在表格下拉菜单中选择“文本转换成表格”命令，打开 “将文字转换成表格”对话框，如图 1-53 所示。在“列数”数值输入框中输入转换后表格的列数，在“文字分隔位置”栏中选择分隔符，每个分隔符分隔的文字作为表格的一个单元格内容。最后，单击“确定”按钮进行转换。

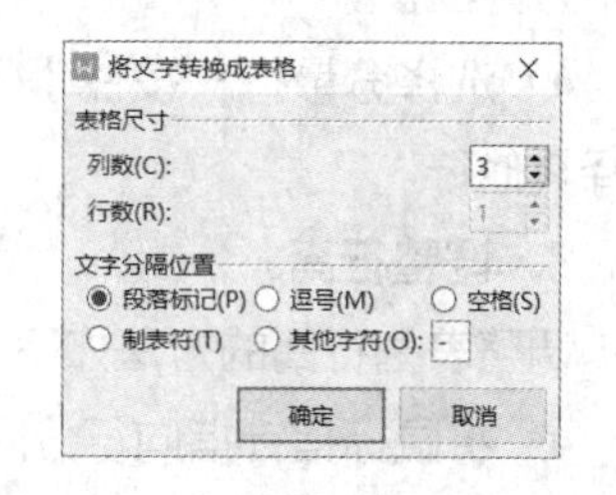

图 1-53 “将文字转换成表格”对话框

1.3.2 编辑表格

1. 删除表格

单击表格任意位置，再单击“表格工具”工具栏中的“删除”按钮，打开删除下拉菜单，在其中选择“表格”命令，可删除插入点所在的表格。也可用鼠标右键单击表格，打开快捷菜单，在其中选择“删除表格”命令，删除插入点所在的表格。

2. 表格选择操作

可使用下面的方法执行各种表格选择操作。

- 选择整个表格：先单击表格，再单击表格左上角出现的表格选择图标⊞。
- 选择单个单元格：连续 3 次单击单元格；或将鼠标指针移动到单元格左侧，鼠标指针变为黑色箭头时单击。
- 选择连续单元格：单击第一个单元格，按住【Shift】键，再按上下左右方向键；或者单击第一个单元格，按住鼠标左键拖动。
- 选择分散单元格：按住【Ctrl】键，再使用选择单个单元格或选择连续单元格的方法选择其他单元格。
- 选择单列：将鼠标指针移动到列顶部边沿，鼠标指针变为黑色箭头时单击。
- 选择连续列：将鼠标指针移动到列顶部边沿，鼠标指针变为黑色箭头时按住鼠标左键拖动；或者在选中第一列后，按住【Shift】键，再按左右方向键。

学习笔记

● 选择分散列：按住【Ctrl】键，再使用选择单列或选择连续列的方法选择其他列。

● 选择单行：将鼠标指针移动到行左侧页面空白位置，鼠标指针变为白色箭头时单击。

● 选择连续行：将鼠标指针移动到左侧页面空白位置，鼠标指针变为白色箭头时按住鼠标左键拖动；或者在选中第一行后，按住【Shift】键，再按上下方向键。

● 选择分散行：按住【Ctrl】键，再使用选择单行或选择连续行的方法选择其他行。

3. 调整行高

调整表格行高的方法如下。

● 将鼠标指针指向行分隔线，鼠标指针变为÷形状时，按住鼠标左键上下拖动调整行高。

● 单击“表格工具”工具栏中的“自动调整”按钮，打开自动调整下拉菜单，在菜单中选择“平均分布各行”命令，WPS 会自动调整行高，使表格所有行高度相同。

● 单击要调整行的任意位置，再单击“表格工具”工具栏中的“高度”输入框，输入行高，或者单击输入框两侧的“-”或“+”按钮调整行高。

4. 调整列宽

调整表格列宽的方法如下。

● 将鼠标指针指向列分隔线，鼠标指针变为⇹形状时，按住鼠标左键左右拖动调整列宽。

● 单击“表格工具”工具栏中的“自动调整”按钮，打开自动调整下拉菜单，在菜单中选择“平均分布各列”命令，自动调整列宽，所有列宽度相同。

● 单击要调整列的任意位置，再单击“表格工具”工具栏中的“宽度”输入框，输入列宽，或者单击输入框两侧的“-”或“+”按钮调整列宽。

5. 插入列

在表格中插入列的方法如下。

● 单击单元格，再单击“表格工具”工具栏中的“在左侧插入列”按钮或“在右侧插入列”按钮插入新列。

● 用鼠标右键单击单元格，在弹出的快捷菜单中选择“插入\在左侧插入列”或“插入\在右侧插入列”命令插入新列。

● 用鼠标右键单击单元格，在快捷工具栏中单击“插入”按钮，然后在下拉菜单中选择“在左侧插入列”或“在右侧插入列”命令插入新列。

● 将鼠标指针指向列分隔线的顶端，单击出现的“+”按钮插入新列。

学习笔记

6. 插入行

在表格中插入行的方法如下。

- 单击单元格，再单击“表格工具”工具栏中的“在上方插入行”按钮或“在下方插入行”按钮插入新行。
- 用鼠标右键单击单元格，在弹出的快捷菜单中选择“插入\在上方插入行”或“插入\在下方插入行”命令插入新行。
- 用鼠标右键单击单元格，在快捷工具栏中单击“插入”按钮，然后在下拉菜单中选择“在上方插入行”或“在下方插入行”命令插入新行。
- 将鼠标指针指向行分隔线的左端，单击出现的“+”按钮插入新行。

7. 通过绘制方法添加单元格

单击“表格工具”工具栏中的“绘制表格”按钮，鼠标指针变为铅笔形状，将其移动到表格中，按住鼠标左键，水平或垂直拖动，添加单元格。

8. 删除列

在表格中删除列的方法如下。

- 单击任意一个单元格，再单击“表格工具”工具栏中的“删除”按钮，打开删除下拉菜单，在菜单中选择“列”命令，删除插入点所在的列。
- 选中单元格或列后，单击“表格工具”工具栏中的“删除”按钮，打开删除下拉菜单，在菜单中选择“列”命令，删除选中单元格所在的列或选中列。
- 选中单元格或列后，用鼠标右键单击单元格，在快捷工具栏中单击“删除”按钮，打开删除下拉菜单，在菜单中选择“删除列”命令，删除单元格所在的列或选中列。
- 选中多个单元格后，用鼠标右键单击范围内的任意单元格，在快捷工具栏中单击“删除”按钮，打开删除下拉菜单，在菜单中选择“删除列”命令，删除选中范围所在的列。
- 将鼠标指针指向列分隔线的顶端，单击出现的“-”按钮删除分隔线左侧的列。

9. 删除行

在表格中删除行的方法如下。

- 单击任意一个单元格，再单击“表格工具”工具栏中的“删除”按钮，打开删除下拉菜单，在菜单中选择“行”命令，删除插入点所在的行。
- 选中单元格或行后，单击“表格工具”工具栏中的“删除”按钮，打开删除下拉菜单，在菜单中选择“行”命令，删除选中单元格所在的行或选中行。
- 选中单元格或行后，用鼠标右键单击单元格，在快捷工具栏中单击“删除”按钮，打开删除下拉菜单，在菜单中选择“删除行”命令，删除单元格所

学习笔记

在的行或选中行。

- 选中多个单元格后，用鼠标右键单击范围内的任意单元格，在快捷工具栏中单击“删除”按钮，打开删除下拉菜单，在菜单中选择“删除行”命令，删除选中范围所在的行。
- 将鼠标指针指向行分隔线的左端，单击出现的“-”按钮删除分隔线上方的行。

10. 删除单元格

在表格中删除单元格的方法如下。

- 选中单元格后，单击“表格工具”工具栏中的“删除”按钮，打开删除下拉菜单，在菜单中选择“单元格”命令，打开“删除单元格”对话框，如图 1-54 所示。在对话框中可选择右侧单元格左移、下方单元格上移、删除整行或删除整列。
- 选中单元格后，用鼠标右键单击所选单元格，然后在弹出的快捷菜单中选择“删除单元格”命令，打开“删除单元格”对话框，在对话框中选择删除选项。
- 选中单元格后，用鼠标右键单击所选单元格，在快捷工具栏中单击“删除”按钮，打开删除下拉菜单，在菜单中选择“删除单元格”命令，打开“删除单元格”对话框，在对话框中选择删除选项。

11. 拆分单元格

单击“表格工具”工具栏中的“拆分单元格”按钮，或在右键快捷菜单中选择“拆分单元格”命令，打开“拆分单元格”对话框，如图 1-55 所示。可在对话框中设置拆分后的行列数。选中“拆分前合并单元格”复选框时，原来的单元格仍然相邻，在其后添加单元格，否则将在原来的单元格之间插入单元格。如果拆分后的行列数比原来的少，则会删除多出的单元格。

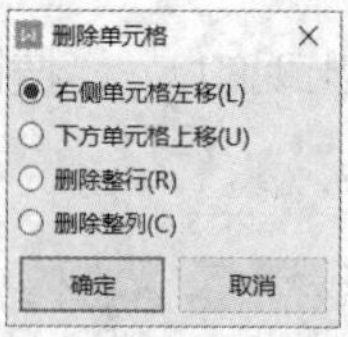

删除单元格

右侧单元格左移(L)

下方单元格上移(U)

删除整行(R)

删除整列(C)

确定 取消

图 1-54 “删除单元格”对话框

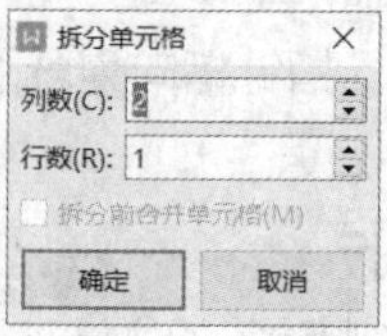

拆分单元格

列数(C): 2

行数(R): 1

拆分前合并单元格(M)

确定 取消

图 1-55 “拆分单元格”对话框

12. 合并单元格

单击“表格工具”工具栏中的“合并单元格”按钮，或在右键快捷菜单中选择“合并单元格”命令，可合并选中的单元格。合并后，原来每个单元格中的数据在新单元格中各占一个段落。

13. 绘制斜线表头

在制作日程表或多表头内容的表格时，需要绘制斜线表头来分隔表头内

学习笔记

容。WPS 提供了 8 种斜线表头，可以使表格各部分展示的内容更加清晰。

单击“表格样式”工具栏中的“绘制斜线表头”按钮，弹出“斜线单元格类型”对话框，如图 1-56 所示。在对话框中选择所需表头类型，单击“确定”按钮，在绘制的斜线表头内输入所需内容即可。

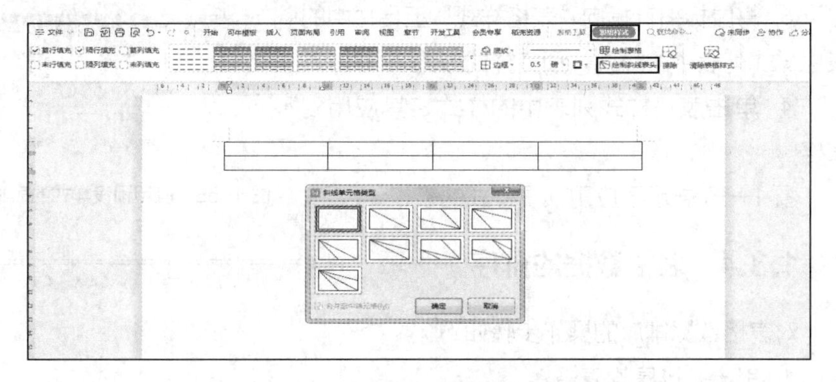

图 1-56 “斜线单元格类型”对话框

1.3.3 表格样式

1. 单元格对齐

单元格内部按垂直方向上、中、下，水平方向左、中、右方位分为 9 个位置，对应 9 种对齐方式：靠上左对齐、靠上居中对齐、靠上右对齐、中部左对齐、水平居中、中部右对齐、靠下左对齐、靠下居中对齐和靠下右对齐。图 1-57 展示了各种对齐效果。

靠上左对齐	靠上居中对齐	靠上右对齐
中部左对齐	水平居中	中部右对齐
靠下左对齐	靠下居中对齐	靠下右对齐

图 1-57 单元格对齐效果

要设置单元格对齐方式，可单击“表格工具”工具栏中的“对齐方式”按钮，打开对齐方式下拉菜单，在菜单中选择各种对齐方式命令；或者用鼠标右键单击单元格，在弹出的快捷菜单中选择“单元格对齐方式”命令子菜单中的命令来设置单元格对齐方式。

2. 使用表格预设样式

WPS 预设了多种表格样式，用于美化表格。为表格设置预设样式的操作

学习笔记

步骤如下。

① 单击要设置样式的表格。

② 在“表格样式”工具栏左侧，选中“首行填充”“隔行填充”“首列填充”“末行填充”“隔列填充”“末列填充”等样式复选框。

③ 将鼠标指针指向“表格样式”工具栏中的表格样式列表中的样式，预览样式效果。

④ 单击表格样式列表中的样式将其应用到表格。

图 1-58 展示了应用预设样式的表格。

专业名称	层次	人数
财务管理	高起本	109
电气自动化	高起本	218
工程管理	高起本	38
工程造价	高起本	210
工商管理	高起本	252

图 1-58　应用预设样式的表格

1.3.4　表格数据的排序

对表格数据排序的操作步骤如下。

① 单击要排序的表格。

② 在“表格工具”工具栏中单击“排序”按钮，打开“排序”对话框，如图 1-59 所示。

图 1-59　“排序”对话框

③ 如果表格第一行是标题，选中“有标题行”单选按钮，否则选中“无标题行”单选按钮。

④ 设置用于排序的各个关键字字段，以及排序类型、升序或降序等。

⑤ 设置完成后，单击“确定”按钮完成排序。

图 1-58 中的表格内容为按专业名称的拼音升序排列结果。

1.3.5　表格数据的计算

1. 使用快速计算工具

在表格中选中用于计算的连续单元格，单击“表格工具”工具栏中的“快速计算”按钮，打开快速计算下拉菜单，在其中可选择求和、平均值、最大值或最

学习笔记

小值命令进行计算。选中一行中的数据计算时，计算结果将显示在选中单元格右侧的空白单元格中，如果右侧无空白单元格，则会插入一列空列，在对应单元格显示计算结果；选中多行中的一列或多列数据计算时，计算结果显示在下方的空白单元格中，如果没有空白单元格，则插入一行空行，在对应单元格显示结果。

2. 用公式进行计算

单击要插入公式的单元格，然后单击“表格工具”工具栏中的“*fx* 公式”按钮，打开“公式”对话框，如图 1-60 所示。

图 1-60 “公式”对话框

在“公式”输入框中输入公式，公式以“=”符号开始。在“数字格式”下拉列表中可选择公式计算结果的数字格式，在“粘贴函数”下拉列表中可选择将函数插入“公式”输入框，在“表格范围”下拉列表中可选择 ABOVE（计算公式上方的所有单元格）、LEFT（计算公式左侧的所有单元格）、RIGHT（计算公式右侧的所有单元格）或 BELLOW（计算公式下方的所有单元格）等范围，除了这些范围，还可用单元格地址表示范围。

在公式中输入单元格地址范围时，列用大写英文字母表示，从 A 开始；行用数字表示，从 1 开始。例如，“A3:C3”表示第 3 行中的第 1 列到第 3 列，公式“=SUM(A3:C3)”表示对这 3 个单元格求和。

1.4 图文混排

1.4.1 插入艺术字

艺术字是具有特殊效果的文字。在“插入”工具栏中单击“艺术字”按钮，打开艺术字样式列表，然后在样式列表中单击要使用的样式，在文档中插入一个文本框，在文本框中输入文字即可插入艺术字。也可在选中文字后，在艺术字样式列表中选择样式，将选中文字转换为艺术字。

可使用“文本工具”工具栏中的工具进一步设置艺术字的各种选项。图 1-61 展示了插入的艺术字及“文本工具”工具栏。

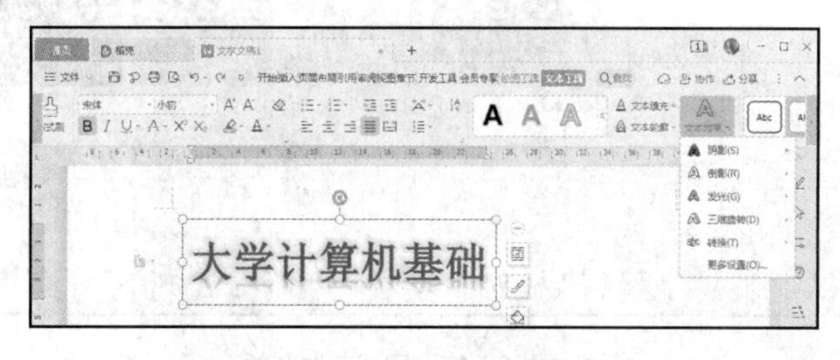

图 1-61 艺术字及“文本工具”工具栏

学习笔记

1.4.2 插入数学公式

在“插入”工具栏中单击“公式”按钮，可打开“公式工具”工具栏，并在插入点插入公式编辑框。使用“公式工具”工具栏提供的命令可在公式编辑框中完成公式编辑。

在“插入”工具栏中单击“公式”下拉按钮公式▾，打开下拉菜单，在菜单中可选择插入各种内置公式。在菜单中选择“公式编辑器”命令，可打开公式编辑器，如图 1-62 所示。在公式编辑器中完成公式编辑后，关闭公式编辑器，编辑好的公式将自动插入插入点。

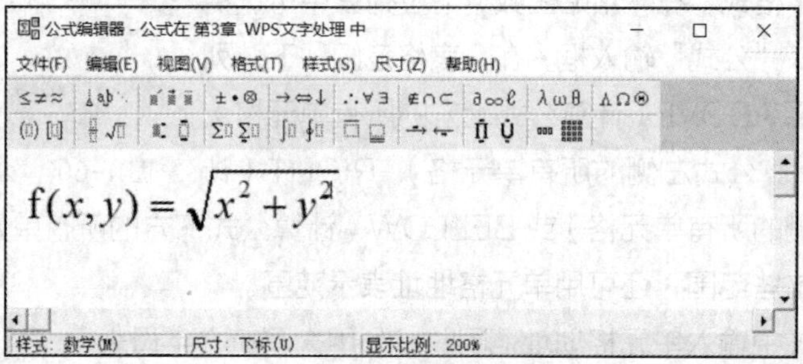

图 1-62　公式编辑器

1.4.3 插入图片

1. 插入图片的方法

在“插入”工具栏中单击“图片”下拉按钮，打开插入图片下拉菜单，如图 1-63 所示。

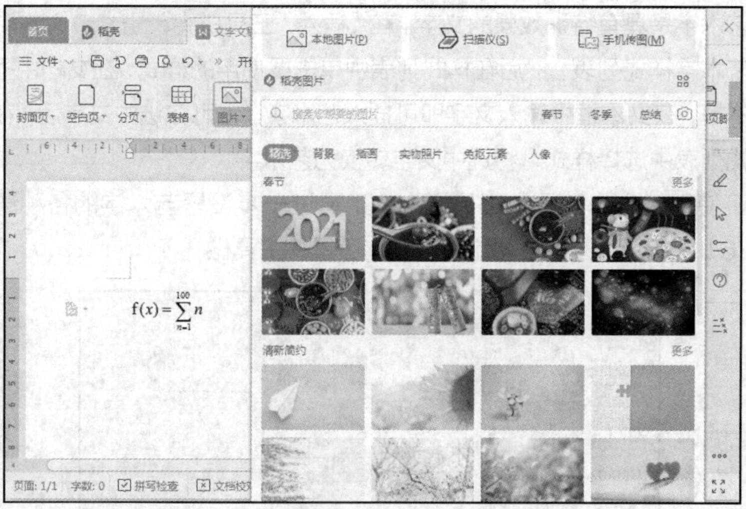

图 1-63　插入图片下拉菜单

学习笔记

可在下拉菜单中选择直接插入稻壳图片，或者单击“本地图片”按钮插入本地计算机中的图片，或者单击“扫描仪”按钮从扫描仪获取图片，或者单击“手机传图”按钮从手机获取图片。

也可在“插入”工具栏中单击“插入图片”按钮，打开“插入图片”对话框，在对话框中选择 WPS 云、共享文件夹或本地计算机中的图片。

2. 裁剪图片

单击图片，WPS 自动显示“图片工具”工具栏和图片快捷工具栏，如图 1-64 所示。

图 1-64 “图片工具”工具栏和图片快捷工具栏

在“图片工具”工具栏或图片快捷工具栏中单击“裁剪”按钮，图片的 4 个角和 4 条边中部，会出现裁剪按钮，并打开裁剪工具窗格，如图 1-65 所示。

图 1-65 裁剪工具窗格

拖动图片四周的裁剪按钮，调整图片边沿进行裁剪。或者，在裁剪工具窗格中选择形状，按形状裁剪；或选择按比例裁剪。调整图片为预计裁剪结果后，单击图片之外的任意位置，完成裁剪。

学习笔记

3. 设置图片布局

文档中的图片和文字有多种布局关系，在“图片工具”工具栏中单击“环绕”按钮或在图片快捷工具栏中单击“布局选项”按钮，打开布局选项下拉菜单，如图 1-66 所示。可从菜单中选择命令将布局设置为嵌入型、四周型环绕、紧密型环绕、衬于文字下方、浮于文字上方、上下型环绕或穿越型环绕等。

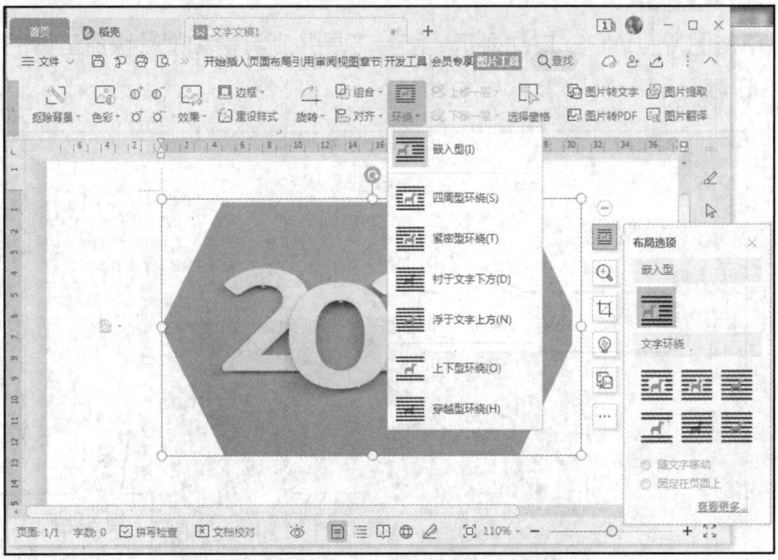

图 1-66　图片布局选项下拉菜单

4. 压缩图片

当插入图片后，文档占用的空间将会变大，不利于文档的传输。WPS 文字中“图片工具”可以实现图片压缩，减小文档的占用空间。

单击“图片工具”工具栏中的“压缩图片”按钮，打开“压缩图片”对话框，在“应用于”栏中，若想应用于所有图片，就选中“文档中的所有图片”按钮；在“更改分辨率”栏中修改分辨率；在“选项”栏中设置删除图片的裁剪区域，这样可以大大减少文档的占用空间，单击“确定”按钮。

5. 图片设置

（1）图片色彩

WPS 文字中的“图片工具”可以对插入的图片进行快速修改颜色。单击“图片工具”工具栏中的“色彩”下拉按钮，在下拉菜单中列出“自动”“灰度”“黑白”“冲蚀”4 种颜色效果，修改图片颜色，选择相应颜色即可。

（2）亮度与对比度

单击“图片工具”工具栏中的“降低亮度”或“增加亮度”按钮，改变图片亮度；单击“增加对比度”或“减少对比度”按钮，改变图片对比度，如图 1-67 所示。

学习笔记

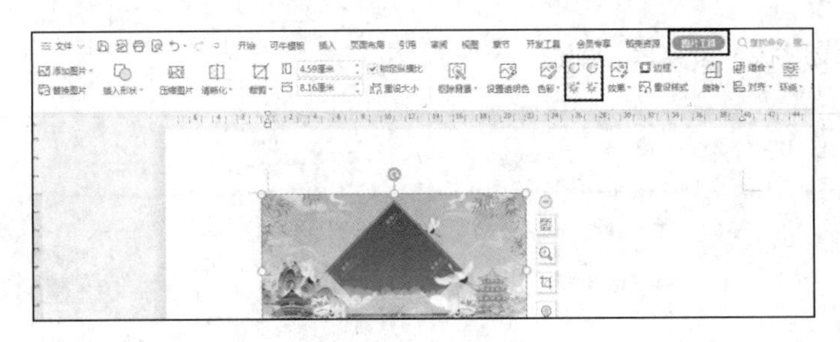

图 1-67　设置图片亮度和对比度

（3）图片效果

单击“图片工具”工具栏中的“图片效果”下拉按钮，在下拉菜单中可以对图片“阴影”“倒影”“发光”“柔化边缘”“三维旋转”等相关图片效果进行设置。

1.4.4　插入文本框

文本框用于在页面中任意位置输入文字，也可在文本框中插入图片、公式等其他对象。在“插入”工具栏中单击“绘制横向文本框”按钮，在页面中按住鼠标左键拖动，绘制出横向文本框。横向文本框中的文字内容默认为横向排列。

要使用其他类型的文本框，可在“插入”工具栏中单击“文本框”下拉按钮，打开文本框下拉菜单，如图 1-68 所示。从菜单中可选择插入横向、竖向、多行文字或稻壳文本框等。

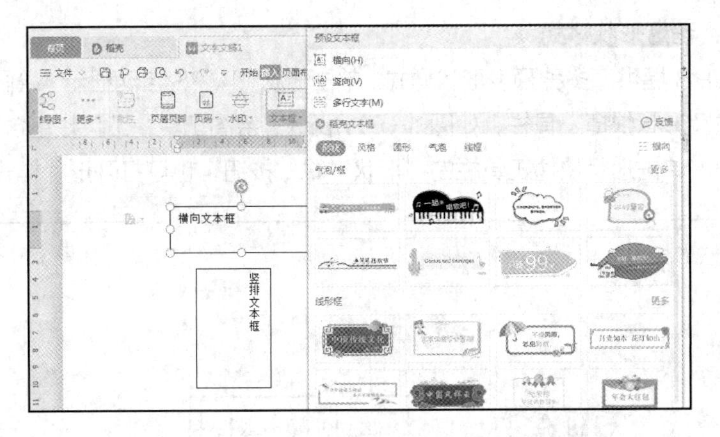

图 1-68　文本框下拉菜单

文本框的布局选项和图片布局选项相同，设置可参见 1.4.3 节中的“设置图片布局”相关内容。

1.4.5　插入形状

单击“插入”工具栏中的“插入形状”按钮或“形状”下拉按钮，可

学习笔记

打开预设形状下拉菜单，如图 1-69 所示。

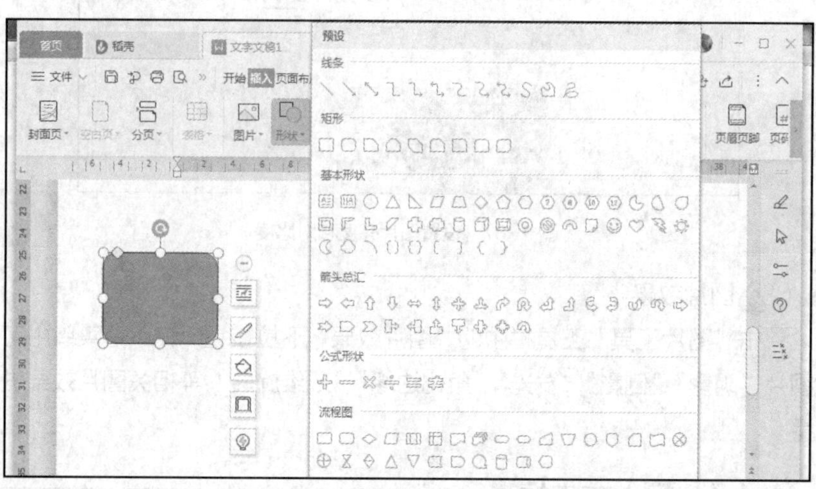

图 1-69　预设形状下拉菜单

在预设形状下拉菜单中单击要插入的形状，然后在页面按住鼠标左键拖动绘制形状。绘制形状时，【Shift】键具有特殊作用。例如，绘制椭圆时按住【Shift】键可获得圆，绘制矩形时按住【Shift】键可获得正方形，绘制多边形时按住【Shift】键可获得等边多边形。

1. 设置形状布局选项

形状的布局选项和图片布局选项相同，参见 1.4.3 节中的“设置图片布局选项”。

2. 设置形状样式

WPS 提供了多种预设形状样式。单击形状，WPS 自动显示“绘图工具”工具栏及形状快捷工具栏，如图 1-70 所示。“绘图工具”工具栏包含形状样式列表，单击形状快捷工具栏的“形状样式”按钮，也可打开形状样式列表。

图 1-70　“绘图工具”工具栏及形状快捷工具栏

学习笔记

在形状样式列表中单击某样式，将其应用到当前形状。

3. 设置形状填充

在“绘图工具”工具栏中单击“填充”下拉按钮，或者在形状快捷工具栏中单击“形状填充”按钮，可打开形状填充下拉菜单，如图 1-71 所示。

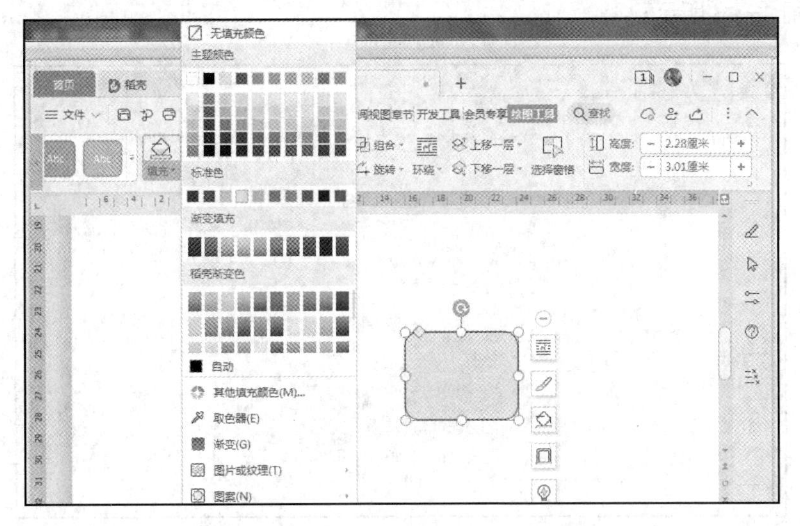

图 1-71　形状填充下拉菜单

在形状填充下拉菜单中可选择使用颜色、渐变、图片或纹理等多种方式填充形状。

4. 设置形状轮廓

在“绘图工具”工具栏中单击“轮廓”下拉按钮，或者在形状快捷工具栏中单击“形状轮廓”按钮，可打开形状轮廓下拉菜单，如图 1-72 所示。在形状轮廓下拉菜单中，可以设置轮廓的颜色、线型（轮廓宽度）以及虚线线型（虚线样式）等。

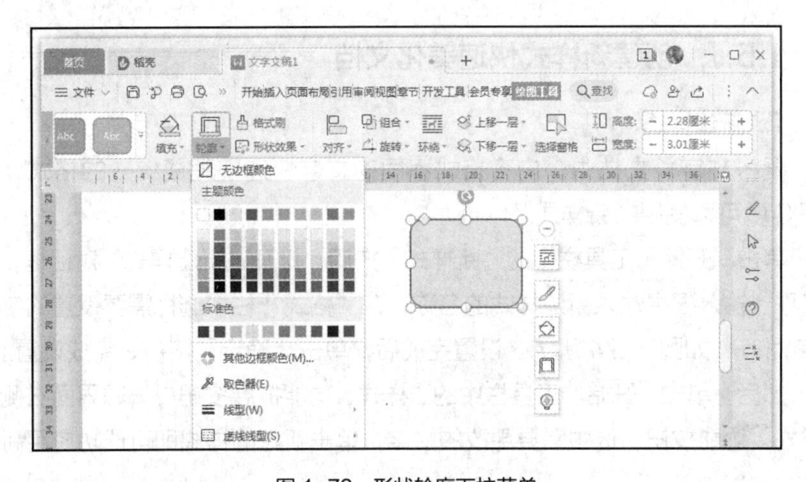

图 1-72　形状轮廓下拉菜单

学习笔记

1.4.6 插入水印

WPS 文字可以添加水印，单击“插入”工具栏中“水印”下拉按钮，在弹出的下拉菜单中选择“插入水印”命令，可以对文档设置图片和文字水印，如图 1-73 所示。

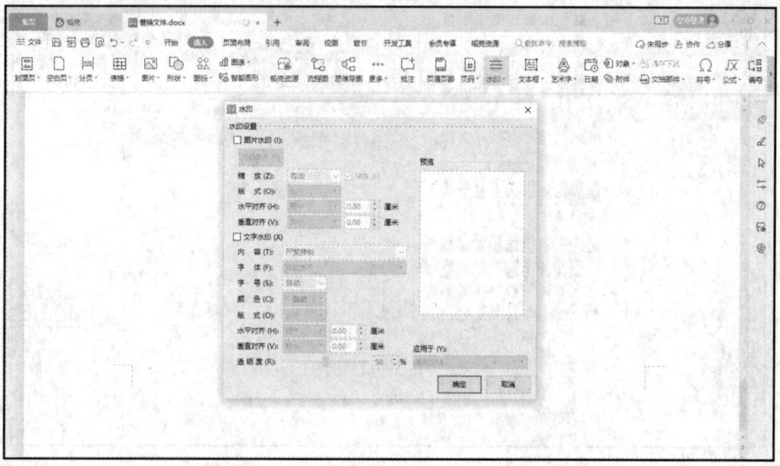

图 1-73 设置水印

1.4.7 插入条形码

单击“插入”工具栏中的“条形码”按钮可以添加条形码，如果在“插入”工具栏中没有“条形码”按钮，可单击“更多”旁边的下拉按钮，插入条形码。

1.5 长文档的美化

1.5.1 创建新样式快速美化文档

1. 新建样式

要将文字长文档中，内容格式不同的文字快速整理成统一的格式，在 WPS 中可以使用“新样式”。

单击“开始”工具栏中的“新样式”按钮，打开“新建样式”对话框，在“名称”输入框中输入新建样式的名称，在“格式”栏中选择需要设置的字体和字号等，如图 1-74 所示。设置完成后，单击“确定”按钮，完成设置。

然后，单击“开始”工具栏中的“样式”功能扩展按钮或编辑界面右侧的“样式”功能按钮，选中需要更改的文字，单击新建的样式即可成功应用新建样式。

学习笔记

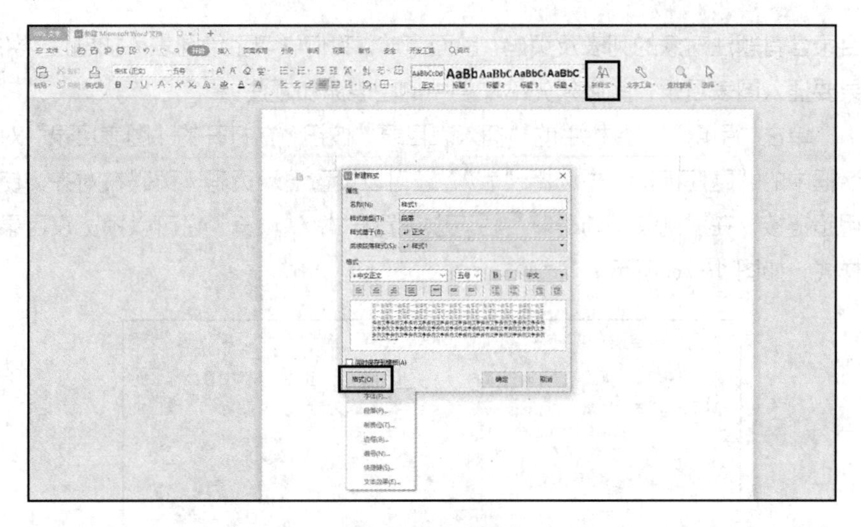

图1-74　新建样式

2. 修改样式

在格式需要进行小幅度调整时，我们对新建样式进行修改，即可快速修改样式。

单击“开始”工具栏中的“样式”功能扩展按钮，在弹出的“样式和格式”任务窗格中，找到需要修改的样式，并用鼠标右键单击，在弹出的快捷菜单中选择“修改”命令，在打开的“修改样式”对话框中进行修改，如图 1-75 所示。

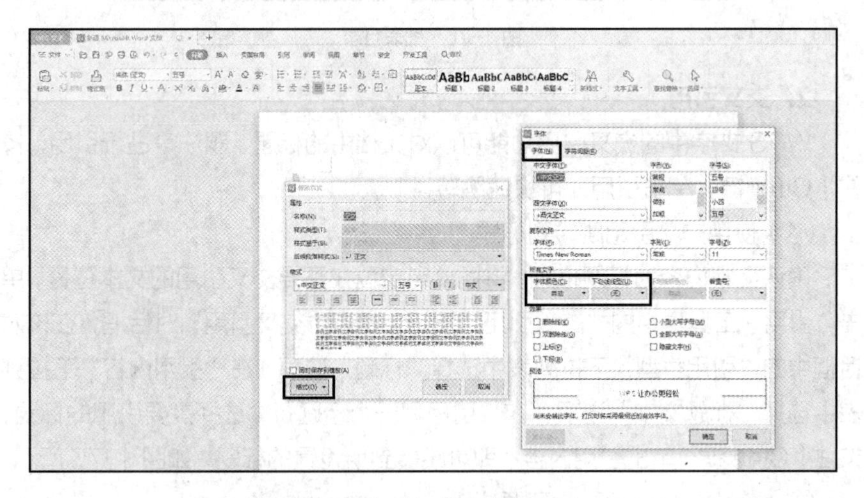

图1-75　修改样式

1.5.2　美化长文档排版

1. 图表目录

当文档中图片或表格过多时，我们可以制作图表目录进行快速定位。图表

学习笔记

目录含有题注对象的列表及页码。前面章节，我们学习了给图表添加题注，如果要插入图表目录，就必须先给文档中的图表添加题注。

单击“引用”工具栏中的“插入表目录”按钮，在打开的“图表目录”对话框中的“题注标签”栏选择“表”，还可以设置显示页码、页码右对齐、使用超链接；在“制表符前导符”栏可以设置样式；“预览”栏可以预览表目录样式，如图 1-76 所示。

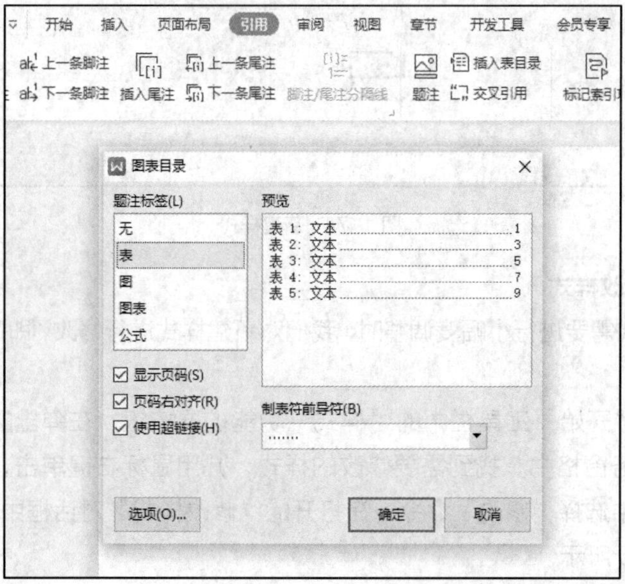

图 1-76　图表目录

2. 交叉引用

WPS 文字中的交叉引用功能可以对文档中的标题、题注等进行引用。按住【Ctrl】键，单击引用即可快速跳转。

（1）使用交叉引用跳转到标题

确认文本内容为标题格式，将插入点定位在需要交叉引用的文本位置，单击“引用”工具栏中的“交叉引用”按钮，打开“交叉引用”对话框，在该对话框中的“引用类型”下拉列表中选择“标题”选项，在“引用内容”下拉列表中选择“标题文字”选项，在“引用哪一个标题”中选择需要引用的标题，按住【Ctrl】键，单击引用内容，即可跳转到所设置的标题，如图 1-77 所示。

（2）使用交叉引用跳转到题注

确认引用的文本是题注格式，将插入点定位到需要引用的文本位置，单击“引用”工具栏中的“交叉引用”按钮，打开“交叉引用”对话框，在该对话框的“引用类型”下拉列表中选择“图”选项，在“引用内容”下拉列表中选择“完整题注”选项，在“引用哪一个题注”中选择需要引用的题注，如图 1-78 所示。

学习笔记

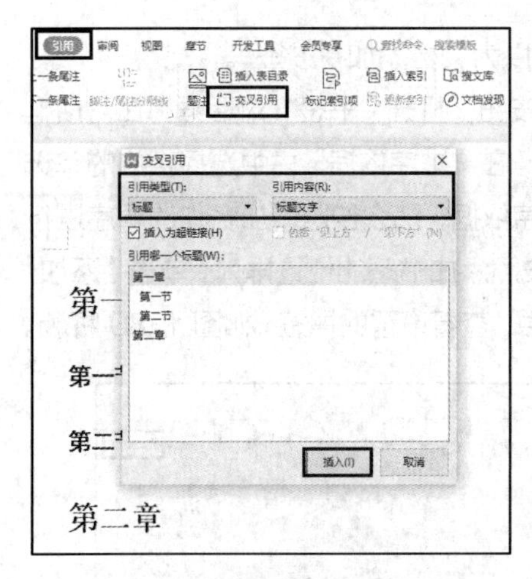

图 1-77 设置交叉引用跳转到标题

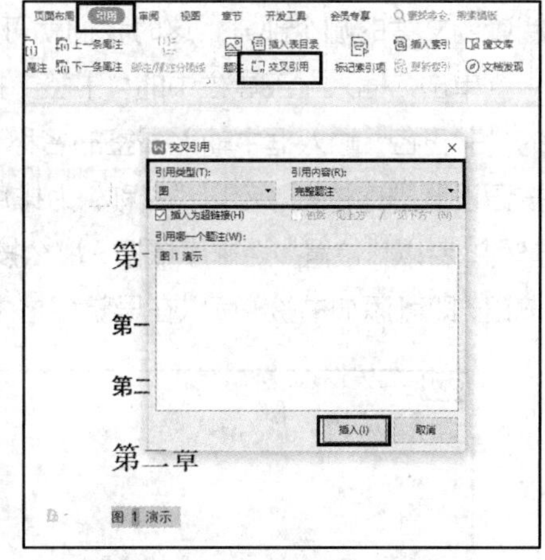

图 1-78 设置交叉引用跳转到题注

3. 插入超链接

在使用 WPS 文字时，经常需要在文本中添加超链接跳转到网页或文档其他内容。

单击“插入”工具栏中的“超链接”按钮，打开“插入超链接”对话框，在对话框的“链接到”栏中选择“原有文件或网页”选项，在“要显示的文字”输入框中输入显示的文本内容，单击“屏幕提示”按钮可以设置屏幕提示文字，在“地址”输入框中输入链接的网页地址，设置完成，单击“确定”按钮插入超链接。如果要链接到文档中的位置，操作同上，选择“本文档中的位置”选项，然后选择需要链接到文本中的位置，完成操作，如图 1-79 所示。

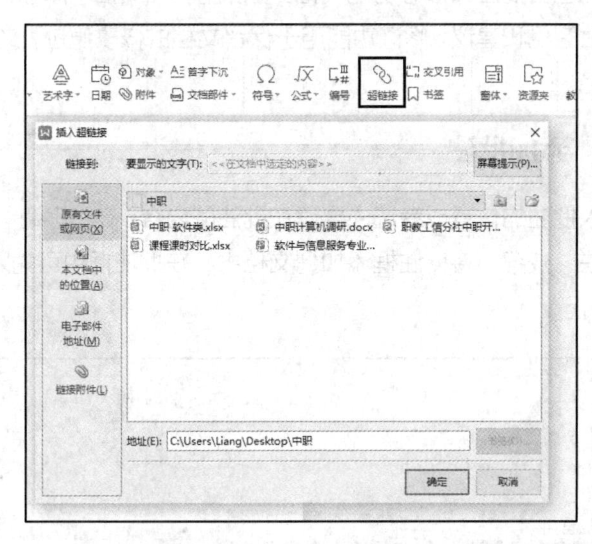

图 1-79 插入超链接

4. 插入书签

在浏览的长文档，如长篇论文、长篇小说等，内容过多时，常常忘记自己

学习笔记

阅读到文章的哪个部分，这时我们就可以为文档添加“书签”。

单击“插入”工具栏中的“书签”按钮，打开“书签”对话框，在对话框的“书签名”输入框中输入书签的名称，在“排序依据”栏中选择相应的单选按钮设置排序依据，若以“名称”为排序依据，那么按照添加名称的顺序进行排列；若以“位置”为排序依据，那么按照添加书签的位置排列，单击“添加”按钮，即可添加书签。可以在导航窗格中，查看设置的书签，如图 1-80 所示。

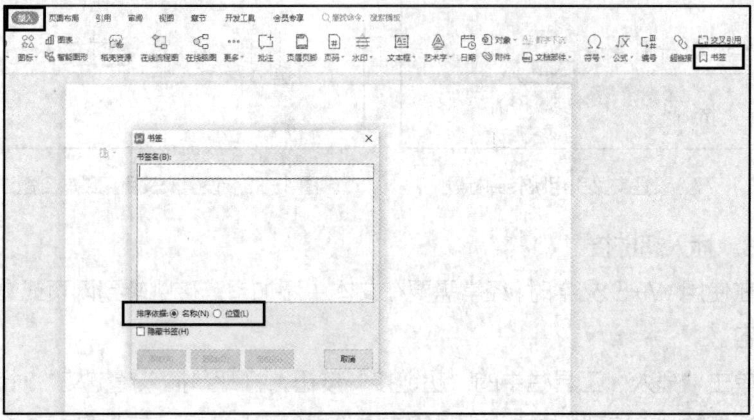

图 1-80　添加书签

1.6 审阅文档

审阅文档包含批注和修订功能。批注功能用于在文档中添加批注信息，为文档作者提供意见和建议。修订功能用于保留文档的修改痕迹，文档作者可选择接受或拒绝。

1.6.1 添加批注

单击插入批注的位置或者选中要添加批注的内容，在“审阅”工具栏中单击“插入批注”按钮，将批注框添加到文档中，在批注框中可输入批注内容，如图 1-81 所示。

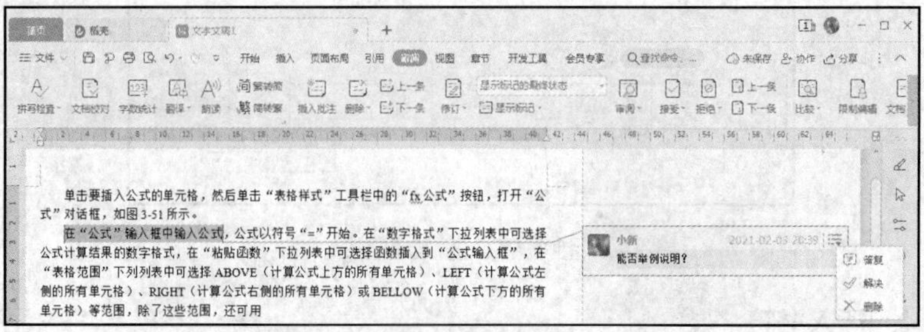

图 1-81　添加批注内容

学习笔记

在处理批注时，可单击批注框右上角的“编辑批注”按钮，打开编辑批注菜单。在菜单中选择“答复”命令，可在信息下方添加答复内容；选择“解决”命令，将批注标注为已解决；选择“删除”命令可删除批注。也可用鼠标右键单击批注，在弹出的快捷菜单中选择“回复批注”“解决批注”“删除批注”命令处理批注。

1.6.2 修订文档

在“审阅”工具栏中单击“修订”按钮，使其处于选中状态，文档进入修订模式，如图 1-82 所示。此时 WPS 会标记文档的更改信息，文档处于修订模式时，再次单击“修订”按钮可退出修订模式。

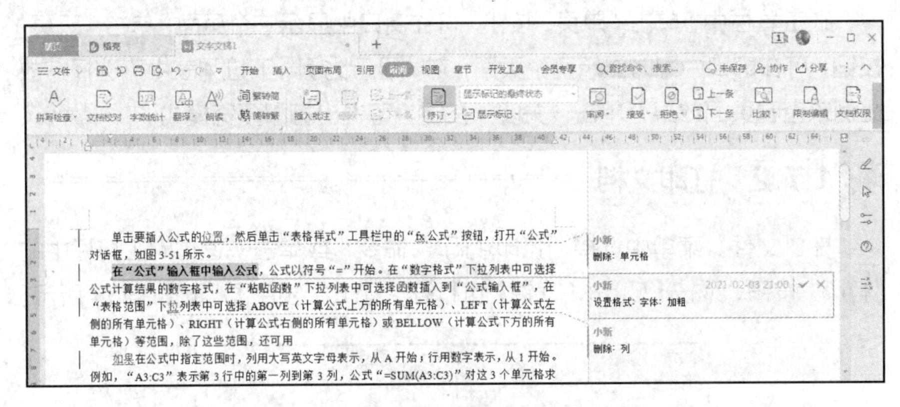

图 1-82　修订模式

要处理修订内容，可单击文档右侧的修订提示框，然后单击修订提示框右上角的“接受修订”按钮接受修订，或单击“拒绝修订”按钮拒绝修订。

也可在“审阅”工具栏中单击“接受”下拉按钮，打开接受下拉菜单，在其中选择“接受对文档所做的所有修订”命令，接受全部修订。也可在“审阅”工具栏中单击“拒绝”下拉按钮，打开拒绝下拉菜单，在其中选择“拒绝对文档所做的所有修订”命令，拒绝全部修订。

1.7 打印文档

在 WPS 中，文字、表格和演示等文档的打印预览和打印操作基本相同。

1.7.1 打印预览

打印预览可查看文档的实际打印效果。在快速访问工具栏中单击“文件”按钮，打开“文件”菜单，在其中选择“打印\打印预览”命令，文档窗口切换为打印预览模式，如图 1-83 所示。

学习笔记

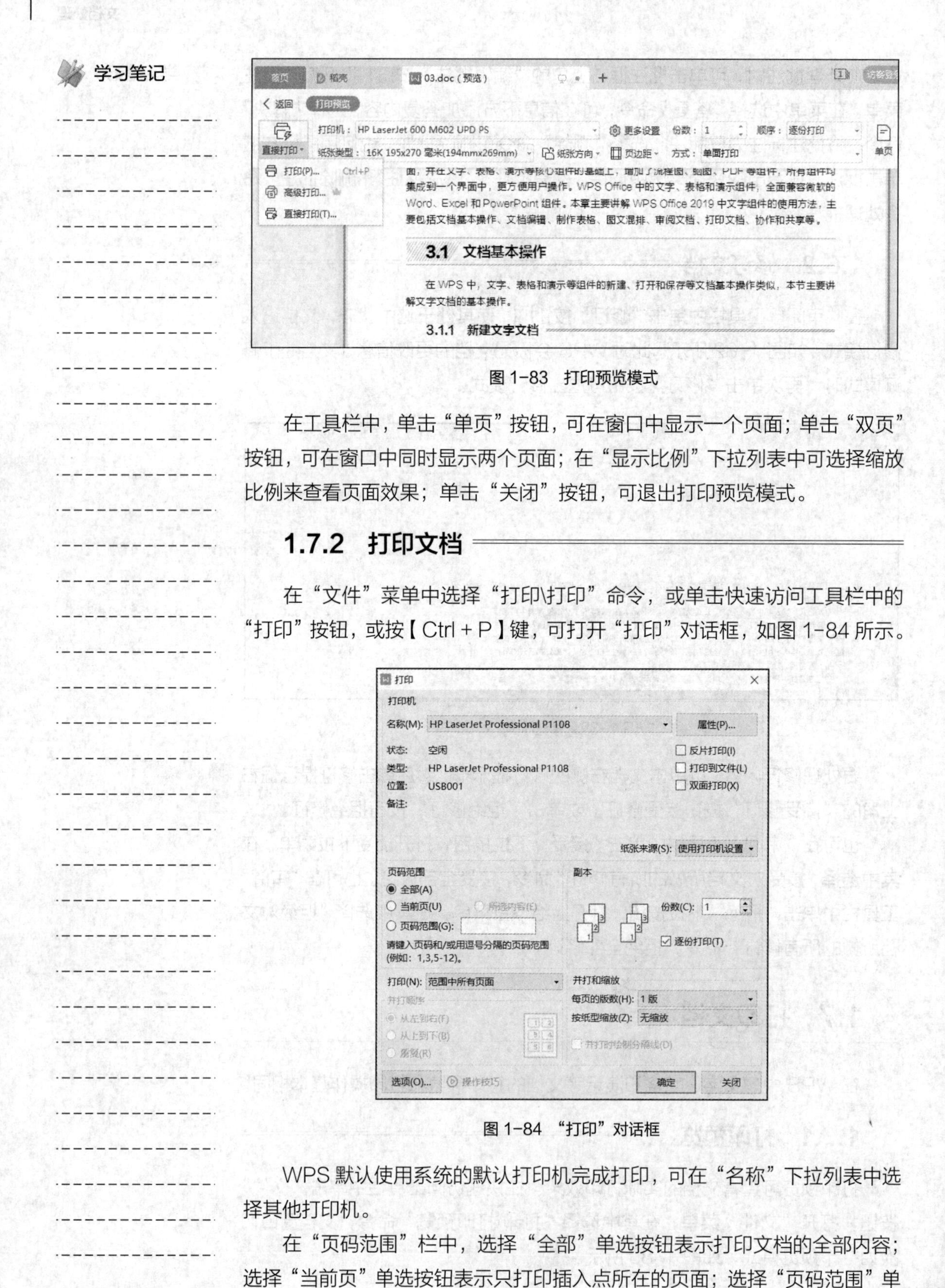

图 1-83 打印预览模式

在工具栏中，单击“单页”按钮，可在窗口中显示一个页面；单击“双页”按钮，可在窗口中同时显示两个页面；在“显示比例”下拉列表中可选择缩放比例来查看页面效果；单击“关闭”按钮，可退出打印预览模式。

1.7.2 打印文档

在“文件”菜单中选择“打印\打印”命令，或单击快速访问工具栏中的“打印”按钮，或按【Ctrl + P】键，可打开“打印”对话框，如图 1-84 所示。

图 1-84 “打印”对话框

WPS 默认使用系统的默认打印机完成打印，可在“名称”下拉列表中选择其他打印机。

在“页码范围”栏中，选择“全部”单选按钮表示打印文档的全部内容；选择“当前页”单选按钮表示只打印插入点所在的页面；选择“页码范围”单选按钮，可输入要打印的页面页码。

在“副本”栏中的“份数”数值输入框中，可输入打印份数，默认份数为 1。

在“并打和缩放”栏的“每页的版数”下拉列表中，可选择每页打印的页面数量；在“按纸型缩放”下拉列表中，可选择纸张类型，打印时将根据纸张类型缩放。

完成设置后，单击“确定”按钮打印文档。

WPS Office 2019 提供了高级打印功能。在“文件”菜单中选择“打印\高级打印”命令，打开高级打印窗口，如图 1-85 所示。

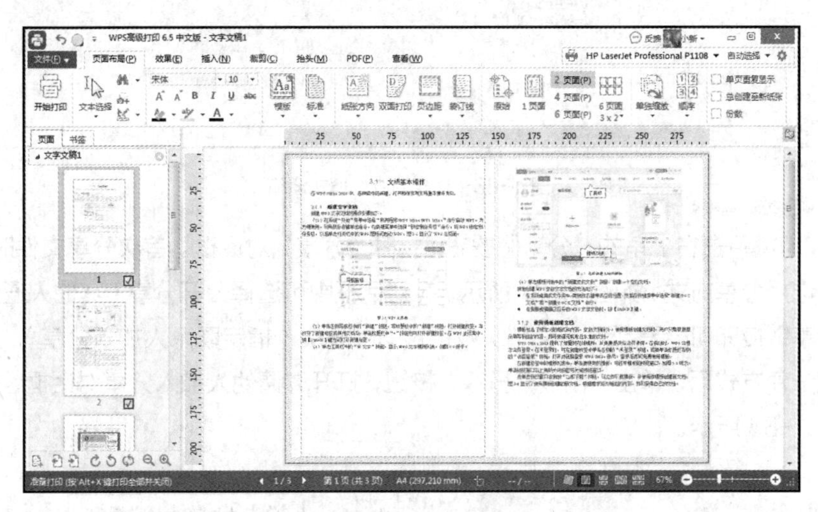

图 1-85　高级打印窗口

高级打印窗口提供了页面布局、效果、插入、裁剪、抬头、PDF 等菜单，可进行打印相关的各项设置，设置完成后，单击“开始打印”按钮打印文档。

1.8　协作和共享

WPS 通过网盘实现文档的协作和共享。要使用协作和共享，需要作者和协作者（或分享人）注册 WPS 会员，并将文档保存到 WPS 网盘。WPS 网盘中的文档称为云文档。

1.8.1　协作编辑

协作编辑指多人在线同时编辑文档。在 WPS 中切换到协作模式，然后分享文档即可邀请他人参与编辑文档。

1. 发起协作

发起协作的操作步骤如下。

① 打开文档。

学习笔记

学习笔记

② 单击窗口右上角的“协作”按钮，打开协作菜单，在菜单中选择“进入多人编辑”命令，可切换到协作模式。图 1-86 所示为文档的协作模式窗口。

图 1-86 文档的协作模式窗口

③ 单击右上角的“分享”按钮，打开“分享”对话框。首次分享文件时，可选择分享方式，如图 1-87 所示。在对话框中可选择公开分享（其他人通过分享链接即可查看或编辑文档）或指定范围分享（指定联系人加入分享），选定分享方式后，单击“创建并分享”按钮，打开邀请他人加入分享对话框，如图 1-88 所示。

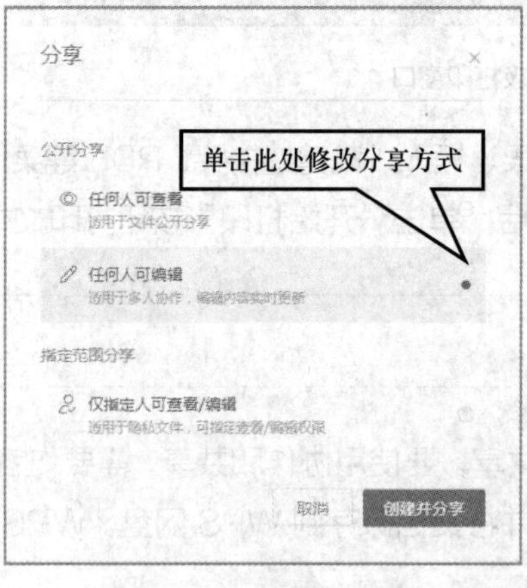

图 1-87 选择分享方式

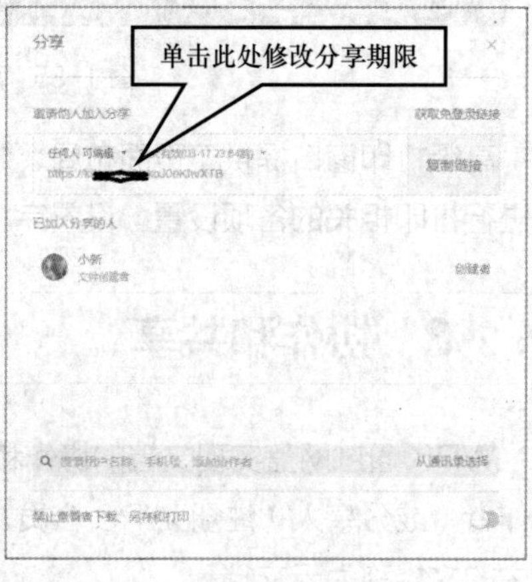

图 1-88 邀请他人加入分享对话框

④ 在邀请他人加入分享对话框时，可修改分享方式和分享期限。分享方式为公开分享时，可单击“获取免登录链接”按钮，获取免登录链接，即其他人不需要登录 WPS 账号即可参与分享。单击“复制链接”按钮，可将分享链接复制到剪贴板，以便通过 QQ、微信或其他方式发送给其他人员。其他人可在浏览器中访问链接，参与文档编辑。单击“从通讯录选择”按钮，可打开通讯录选择分享人员，如图 1-89 所示。在对话框中单击“添加联系人”按钮，

学习笔记

可添加联系人。在联系人列表中，可通过单击联系人，将其加入右侧的已选择列表中。最后，单击“确定”按钮，完成邀请操作。

在分享文档时，如果包含“可编辑”权限，其他人员即可进入文档的协作模式。

在协作模式窗口中，单击右上角的“WPS 打开”按钮，可退出协作模式。

2. 管理参与者及其权限

在协作模式中，单击“分享”按钮，打开“分享”对话框，可管理参与者及其权限，如图 1-90 所示。

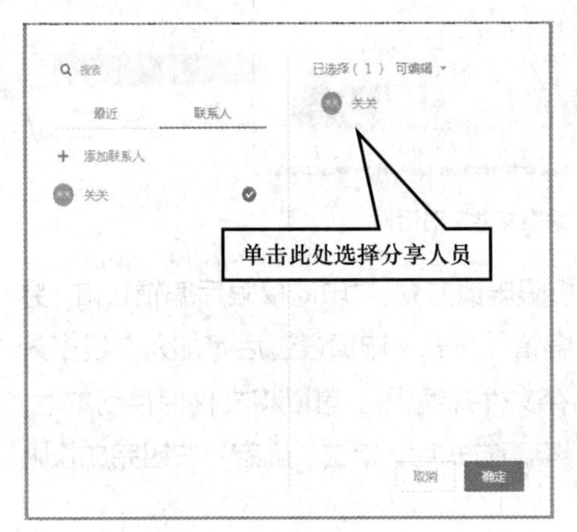

图 1-89 从通讯录选择分享人员

图 1-90 管理参与者及其权限

在对话框的“已加入分享的人”列表中，显示了已加入分享的人及其权限。图 1-90 展示了参与人“关关”的权限为“可编辑”。单击权限，可打开权限菜单，在其中可选择“可查看”“可编辑”“移除”命令。“关关”的现有权限为“可编辑”，从菜单中选择“可查看”命令，即可将其权限更改为只能查看文档。选择“移除”命令，可取消其参与权限。

3. 申请编辑权限

只具有查看权限的参与者打开文档时，工具栏中会显示“只读”，窗口页面如图 1-91 所示。

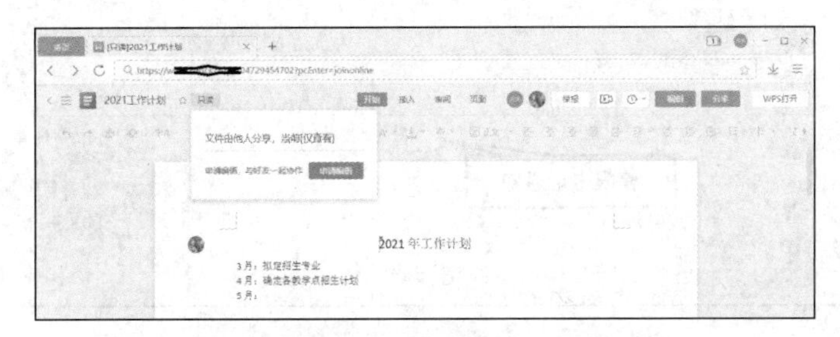

图 1-91 参与者只能查看时的协作窗口页面

将鼠标指针指向“只读”图标，WPS 会打开提示框提示文档由他人分享，

学习笔记

当前只能查看。在提示框中单击“申请编辑”按钮，可打开“编辑文件”对话框，如图 1-92 所示。

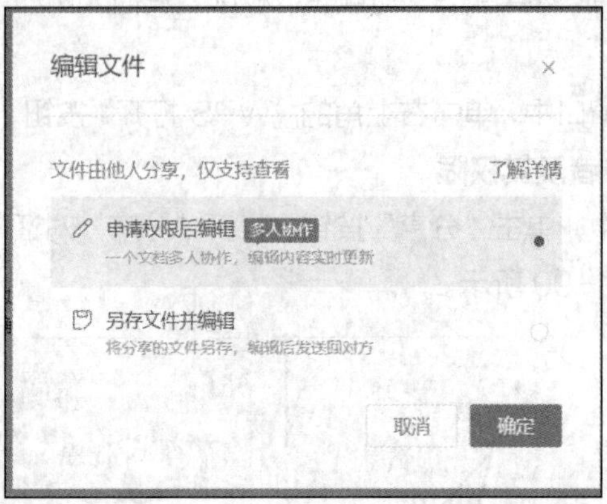

图 1-92 “编辑文件”对话框

“编辑文件”对话框提供了两种权限申请方式：“申请权限后编辑”和“另存文件并编辑”。选择“申请权限后编辑”方式，申请通过后可加入在线多人协作，实时查看文档更新。选择“另存文件并编辑”，可以将文件保存到本地，完成修改后返回给对方。选择了权限申请方式后，单击“确定”按钮完成权限申请。

发起人可在 PC 端的 WPS 办公助手中处理权限申请。图 1-93 展示了 PC 端 WPS 办公助手中的权限申请通知。单击“同意”按钮，即可同意权限申请。

图 1-93 PC 端 WPS 办公助手中的权限申请通知

学习笔记

1.8.2 分享文档

分享文档指将文档分享给其他人或者其他设备。协作编辑也属于分享文档。

在 WPS 首页中，单击左侧导航栏中的“文档”按钮，显示文档管理页面。在文档管理页面左侧单击“我的云文档”按钮，查看存储于 WPS 网盘中的文档，如图 1-94 所示。

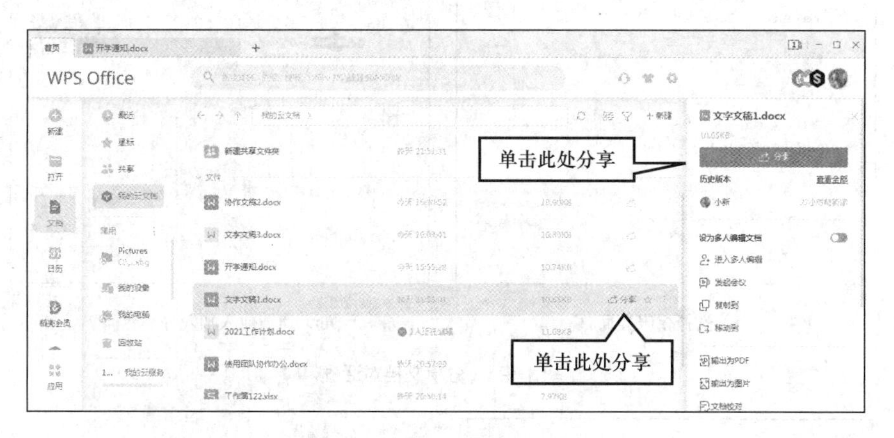

图 1-94 查看“我的云文档”

可使用下列方法分享文档。

- 单击文档时，页面右侧会显示文件操作窗格，在窗格中单击“分享”按钮分享文档。
- 鼠标指针指向文件列表中的文档时，WPS 也会在文档所在行的右端显示“分享”链接，单击链接分享文档。
- 用鼠标右键单击文件列表中的文档，在弹出的快捷菜单中选择“分享”命令分享文档。
- 文档已打开时，可在文档编辑窗口的右上角单击“分享”按钮来分享文档。

1. 以复制链接方式分享

选择分享文档时，WPS 会显示图 1-95 所示的分享文档对话框。

首次分享时会显示图 1-95（a）所示的选择权限界面（再次分享时会跳过该界面），选中权限后，单击“创建并分享”按钮，创建分享链接并进入图 1-95（b）所示的邀请他人加入分享界面。可单击“复制链接”按钮复制分享链接，然后将链接发给他人。

2. 分享给联系人

在分享文档对话框中单击“发送给联系人”按钮或者单击“从通讯录选择”链接，可打开通讯录选择分享人，如图 1-96 所示。在对话框左侧的联系人列表中单击联系人，将其添加到右侧的已选择列表中，然后单击“确定”按钮，

学习笔记

打开添加附加信息对话框，如图 1-97 所示。在对话框中输入附加信息后，单击“发送”按钮，完成分享操作。

（a）选择权限界面

（b）邀请他人加入分享界面

图 1-95　分享文档对话框

图 1-96　打开通讯录选择分享人

图 1-97　添加附加信息对话框

3. 将文档发送到手机

WPS 可将文档分享到当前账号所属用户的手机、PAD 等移动设备中，这样可在 PC、手机或 PAD 等多个设备中编辑文档。在多个设备中分享文档时，每次只能在一个设备中编辑文档，其他设备上只能查看文档。如果在另一台设备中选择以编辑方式打开文档，编辑结果只能以副本方式保存。

在分享文档对话框中单击“发至手机”按钮，未在手机、PAD 等移动设备的 WPS 中登录当前账号时，会显示图 1-98（a）的分享界面（已在设备中登录过当前账号时会跳过该界面）。此时需要在手机或 PAD 中启动 WPS，登录当前账号，然后扫描图中的二维码，将手机或 PAD 添加到 WPS 的可分享设备中。图 1-98（b）的分享界面展示了已有的分享设备，在设备列表中选中要分享的设备，单击“发送”按钮，可将文档分享到对应设备。在分享设备上进入 WPS，可在个人消息中看到文件传输助手的提示信息，在提示信息中点击文档名称，可将文档下载到设备进行查看或编辑。

学习笔记

（a）分享界面

（b）已有的分享设备

图 1-98　将文档分享到移动设备

4. 直接分享文档

在分享文档对话框中单击“以文件发送”按钮，可打开图 1-99 所示的直接分享文档界面。在界面中单击“打开文件位置，拖曳发送到 QQ、微信”按钮，可在系统的资源管理器窗口中打开当前文档所在的文件夹。从文件夹中可将文档发送给 QQ 或微信好友。

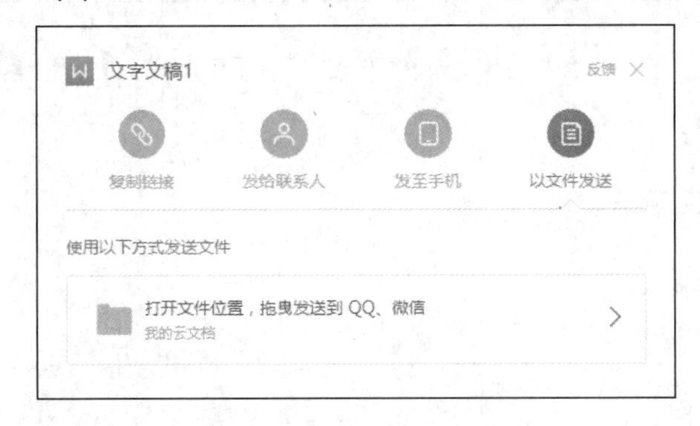

图 1-99　直接分享文档界面

5. 设置或取消多人编辑

WPS 允许将文档设置为多人编辑文档，打开文档时可自动进入多人编辑的协作模式。在 WPS 首页中，单击左侧导航栏中的“文档”按钮，显示文档管理页面。在文档管理页面左侧单击“我的云文档”按钮，查看存储于 WPS 网盘中的文档。

学习笔记

在文件列表中选中文档后，在右侧的文档操作窗格中单击“设为多人编辑文档”右侧的状态按钮，可将文档设置为多人编辑文档。设置为多人编辑文档后，按钮变为按钮，单击按钮可取消多人编辑。

也可以在文档列表中用鼠标右键单击文档，在弹出的快捷菜单中选择“设为多人编辑文档”命令，将文档设置为多人编辑文档。设置为多人编辑文档后，用鼠标右键单击文档，在弹出的快捷菜单中选择“取消多人编辑”命令，可取消多人编辑。

6. 取消分享

取消分享的方法为：首先在 WPS 首页中查看“我的云文档”，然后在文档列表中单击要取消分享的文档，最后在右侧的文档操作窗格中单击“取消分享”链接即可。

1.8.3 使用共享文件夹

共享文件夹用于与好友共同管理和编辑文档。

1. 创建共享文件夹

创建共享文件夹的方法如下。

- 单击 WPS 标题栏中的“新建”按钮，打开新建页面。单击工具栏中的“共享文件夹”按钮，打开“新建共享文件夹”界面，如图 1-100 所示。在界面中单击“共享文件夹”按钮，或者单击 WPS 提供的模板来新建共享文件夹。在“创建共享文件夹”对话框中输入共享文件夹名称，单击“立即创建”按钮完成新建共享文件夹操作。

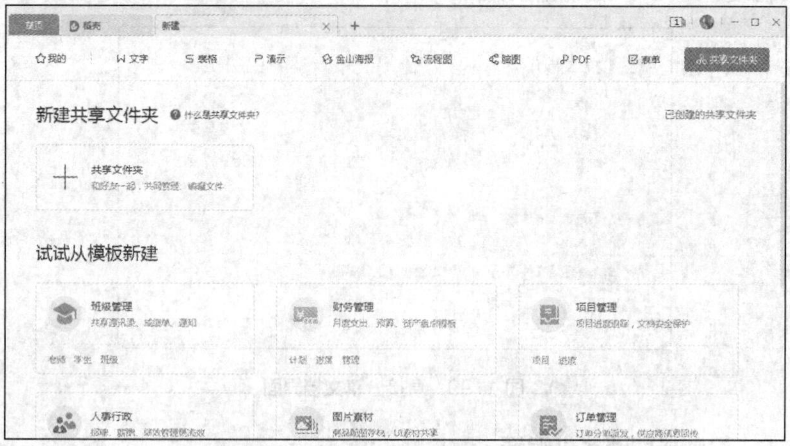

图 1-100 “新建共享文件夹”界面

- 也可在 WPS 首页中单击“文档”按钮，进入文档管理界面。单击“共享”按钮显示个人的共享项目。单击右上角的“新建共享文件夹”按钮创建共享文件夹。

学习笔记

2. 邀请成员

在 WPS 首页中单击“文档”按钮，进入文档管理界面。再单击“共享”按钮显示个人的共享项目。在文件列表中双击共享文件夹名称，可进入共享文件夹。空的共享文件夹界面如图 1-101 所示。可单击“上传文件”按钮将文档上传到共享文件夹与好友共享，也可单击“上传文件夹”按钮，上传并共享文件夹。

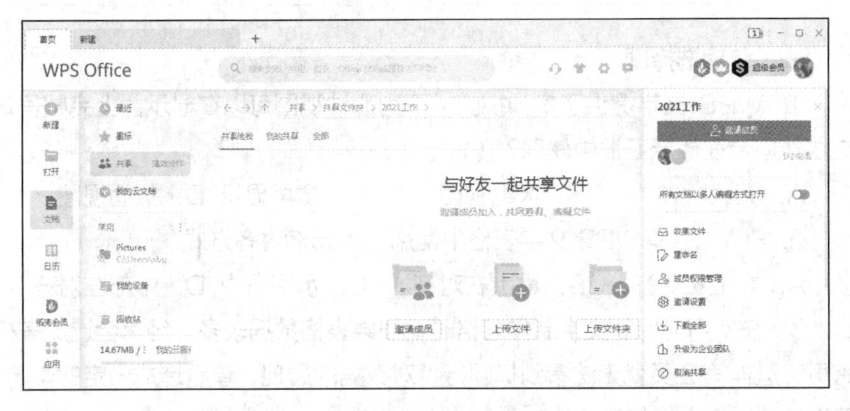

图 1-101　空的共享文件夹界面

在共享文件夹界面中单击“邀请成员”按钮，或者在右侧的操作窗格中单击“邀请成员”按钮，打开“邀请成员”对话框，如图 1-102 所示。单击“复制链接”按钮，可复制共享文件夹链接，然后将其分享给微信或 QQ 好友。也可单击“联系人”按钮，打开联系人对话框选择共享文件夹的联系人。

在“邀请成员”对话框中，单击“设置”按钮，可打开“设置”对话框，如图 1-103 所示。默认情况下，加入共享成员不需要管理员审核，成员可编辑文档，邀请链接有效期为 3 天。可在“设置”对话框中将“加入时需要管理员审核”和“加入成员后仅允许查看”的状态按钮设置为“开”，并修改邀请链接有效期。在“设置”对话框中单击“取消共享”按钮，可取消共享，将共享文件夹转为普通文件夹。

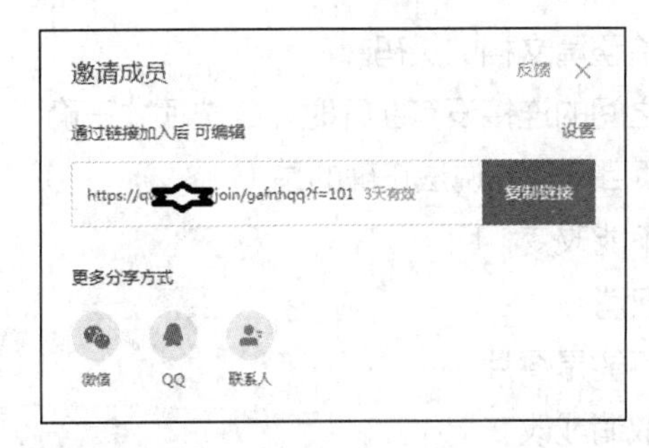

图 1-102　“邀请成员”对话框

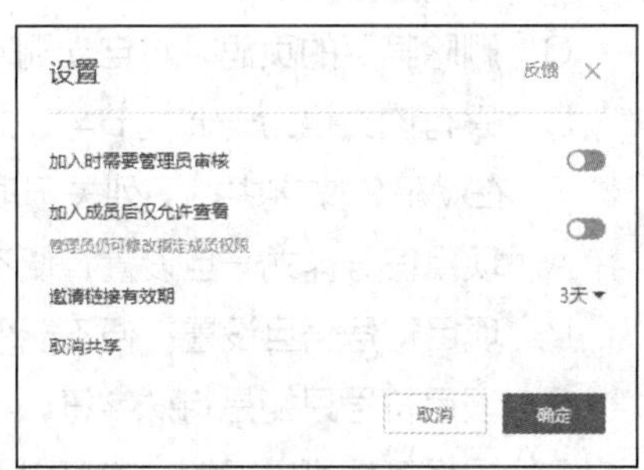

图 1-103　“设置”对话框

学习笔记

3. 取消共享

除了可在“设置”对话框中取消文件夹共享，还可在 WPS 文档管理界面中，单击“共享”按钮查看个人共享项目，再用鼠标右键单击共享文件夹，在弹出的快捷菜单中选择“取消共享”命令来取消共享。

1.9 习题

一、单项选择题

1. WPS 文字提供了多种视图，下列哪种视图可以在显示器上完整呈现文档，适合在演示汇报中使用？（　　）

A. 阅读版式　　B. 大纲视图　　C. 全屏显示　D. 页面视图

2.（　　）是 WPS 文字表格中常用的单元格对齐方式。

A. 靠上左对齐　B. 靠上右对齐　C. 水平居中　D. 中部左对齐

3. 在使用 WPS 文字制作表格时，如果表格数据较多，经常会造成表格跨页，这样第 2 页就无法看到标题行，对数据的展现、查看造成一定的影响，可通过（　　）操作解决。

A. 拆分单元格　　　　B. 绘制斜线表头

C. 表格转文本　　　　D. 标题行重复

4. 在 WPS 文字文档中，一页没满的情况下需要强制换页，应该通过（　　）操作解决。

A. 插入换行符　B. 插入分页符　C. 分栏符　D. 插入分节符

5.（　　）一般用于对当前页面的某处内容进行注释，添加在当前页面的底端。

A. 脚注　　B. 引用　　C. 题注　　D. 尾注

6. 在 WPS 文字中，关于页码描述错误的是（　　）。

A. 对文档设置页码时，可以对第一页不设置页码

B. 文档的不同节可以设置不同的页码

C. 删除某页的页码，将自动删除整篇文档的页码

D. 只有该文档为一节或节与节之间的连接没有断开时，C 选项才正确

7. 在 WPS 文字中，下列关于项目符号的说法正确的是（　　）。

A. 项目符号样式一旦设置，便不能改变

B. 项目符号一旦设置，便不能取消

C. 项目符号只能是特殊字符，不能是图片

D. 项目符号可以设置，也可以取消或改变

8. 在使用 WPS 文字编写文档时，有时需要在文档中插入图片或者表格补充文档内容，当插入的图片或表格过多时，可以制作（　　），可以生成含

学习笔记

有题注对象的列表，并生成页码让用户可以快速定位。

A．图表目录　B．交叉引用　C．超链接　D．尾注

9．在浏览长文档（如浏览长篇小说、长篇论文）时由于内容过多，常常遇到关闭 WPS 后忘记自己阅读到文章的哪个部分，为了避免此种情况发生，可以为文档添加（　）。

A．图表目录　B．书签　C．超链接　D．尾注

10．在制作课程表、日程表或者多表头内容的表格时，经常需要分隔表头内容，可以实现这一功能的选项是（　）。

A．拆分单元格　B．绘制斜线表头

C．表格转文本　D．标题行重复

二、多项选择题

1．下列选项中，属于 WPS 文字视图的有（　）。

A．全屏显示　B．阅读版式　C．页面视图　D．Web 版式

2．下列选项中，属于 WPS 文字“表格工具”自动调整表格大小的方法有（　）。

A．适应窗口大小　B．根据内容调整表格

C．平均分布各行　D．平均分布各列

3．WPS 文字中的“图片工具”提供了的图片裁剪方式有（　）。

A．按形状裁剪　B．按比例裁剪

C．按大小裁剪　D．按区域裁剪

4．在 WPS Office 2019 文字中，将常用的文档结构图和 WPS 特色的“章节导航”整合进了全新的“导航窗格”中，使（　）合而为一，更为简洁和高效。

A．目录　B．章节　C．书签　D．引用

5．WPS 文字中的“图片工具”可以对图片设置的效果有（　）。

A．阴影　B．倒影　C．发光　D．柔化边缘

三、填空题

1．WPS 文字的视图模式中，（　）可通过网页的形式显示 WPS 文字文档，适用于发送电子邮件和创建网页。

2．WPS 文字中的“图片工具”提供了（　）与（　）两种图片裁剪方式。

3．WPS 文字中的（　）功能，可以引用文档中的标题、题注等，按住【Ctrl】键，单击引用即可快速跳转。

4．（　）是一种对文本的补充说明，添加在整个文档的末尾，列出引用文献的出处。

5. 在 WPS 文字中，除了可以创建、编辑、调整表格外，还可以使用（　）

学习笔记

工具栏对表格进行高级操作。

6. 在使用 WPS 文字写论文、报告时，由于内容较多，需要经常将长篇幅的文字文档划分成多个章节，(　　)是长文档不可缺少的部分，有了它就能快速查找文档中的内容。

7. 要将长文档中内容格式不同的文字快速整理成统一的格式，在 WPS 文字中使用(　　)是一个很快捷的办法。

8. 在使用 WPS 文字办公时，常需要在文本中添加(　　)跳转到网页或者跳转到其他内容文档部分。

9. 在使用 WPS 文字编写文档时，有时需要在文档中插入图片或表格补充文档内容。(　　)指的是在图片、表格下方的一段简短解释说明。

10. 在使用 WPS 文字办公时，经常需要对文字文档的内容添加(　　)，它可以使文字文档的内容更有层次，具有强调突出文本内容的效果。

四、简答题

1. 请问段落有哪些对齐方式？
2. 请问如何才能快速删除文档中的全部空行？
3. 请问文档中的图片有哪些布局方式？
4. 请问批注和修改有何区别？
5. 请问如何将文字转换为表格？

第2章 电子表格处理

02

WPS 表格是 WPS 办公软件的一个主要组件，用于制作电子表格，如销售报表、业绩报表、工资发放表等。本章主要介绍工作簿的基本操作、数据编辑、使用公式、格式设置、数据分析、数据图表、数据安全以及打印工作表等内容。

学习笔记

2.1 工作簿基本操作

2.1.1 新建工作簿

WPS 表格文档也称工作簿，一个工作簿可包含多个工作表，工作表由若干单元格组成。

1. 新建空白表格文档

新建空白表格文档的操作步骤如下。

① 在系统“开始”菜单中选择“WPS Office\WPS Office”命令启动 WPS。

② 单击左侧导航栏中的“新建”按钮，或单击标题栏中的“+”按钮，或按【Ctrl + N】键，打开“新建”选项卡。

③ 单击工具栏中的“表格”按钮，显示 WPS 表格模板列表，如图 2-1 所示。

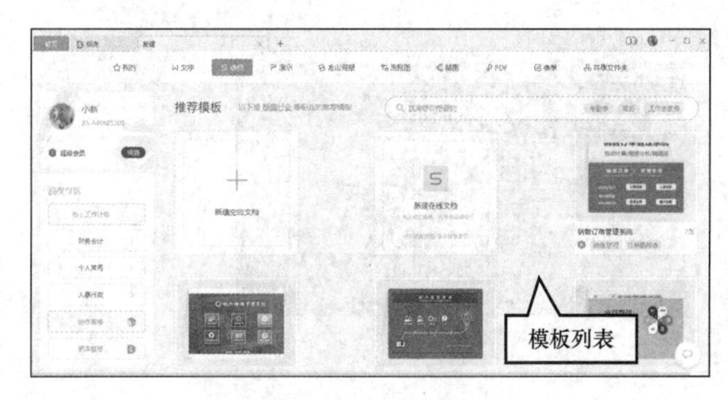

图 2-1 WPS 表格模板列表

学习笔记

④ 单击模板列表中的“新建空白文档”按钮，创建一个空白表格文档。其他创建空白表格文档的方法如下。

- 在系统桌面或文件夹中，用鼠标右键单击空白位置，然后在弹出的快捷菜单中选择“新建\XLS 工作表”或“新建\XLSX 文档”命令。
- 在已打开的 WPS 表格文档窗口中，按【Ctrl + N】键。

2. 使用模板创建工作簿

模板包含预设格式和内容，空白文档除外。在“新建”选项卡的模板列表中，单击要使用的模板，可打开模板预览界面，如图 2-2 所示。单击预览界面右上角的“关闭”按钮可关闭预览界面。

图 2-2　模板预览界面

单击预览界面右侧的“立即下载”按钮，可下载模板，并用其创建新工作簿。图 2-3 展示了使用模板创建的新工作簿。

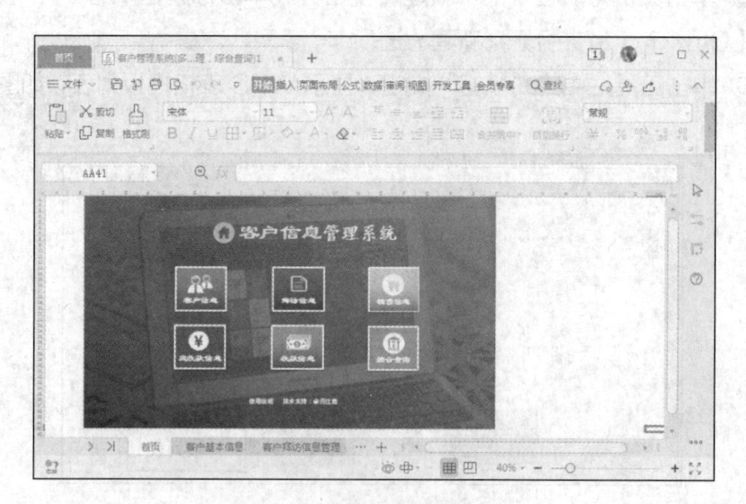

图 2-3　使用模板创建的新工作簿

学习笔记

使用模板创建的工作簿通常包含首页和多个预设格式的工作表，用户根据需要进行修改，即可创建专业水准的工作簿。

2.1.2 保存工作簿

单击快速访问工具栏中的“保存”按钮，或在“文件”菜单中选择“保存”命令，或按【Ctrl + S】键，执行保存操作，可保存当前正在编辑的工作簿。

在“文件”菜单中选择“另存为”命令，执行另存为操作，可将正在编辑的工作簿保存为指定名称的新工作簿。保存新建工作簿或执行“另存为”命令时，都会打开“另存文件”对话框，如图 2-4 所示。在对话框中设置保存位置、文件名称和文件类型后，单击“保存”按钮完成保存操作。

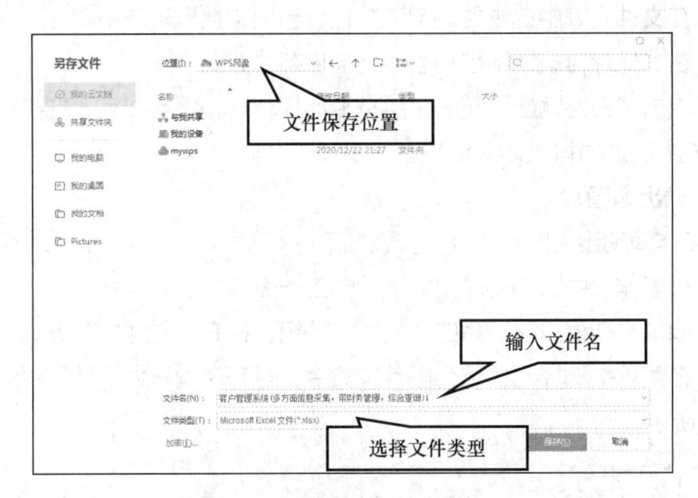

图 2-4 “另存文件”对话框

WPS 工作簿默认保存的文件类型为“Microsoft Excel 文件”，文件扩展名为.xlsx，这是为了与微软的 Excel 兼容。还可将文档保存为 WPS 表格文件、WPS 表格模板文件、PDF 文件格式等 10 余种文件类型。完成设置后，单击“保存”按钮完成保存操作。

2.1.3 输出工作簿

WPS 可将工作簿输出为 PDF 和图片。

1. 输出为 PDF

将工作簿输出为 PDF 的操作步骤如下。

① 单击文档窗口左上角的“文件”按钮，打开“文件”菜单。

② 在菜单中选择“输出为 PDF”命令，打开“输出为 PDF”对话框，如图 2-5 所示。

学习笔记

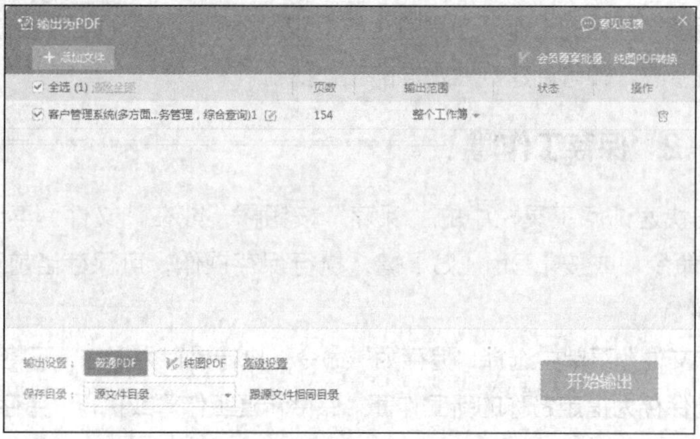

图 2-5 “输出为 PDF”对话框

③ 在文件列表中选中要输出的文档，当前文档默认选中。

④ 在“保存目录”下拉列表中选择保存位置。

⑤ 单击“开始输出”按钮，执行输出操作。输出完成后，文档状态变为“输出成功”，此时可关闭对话框。

2. 输出为图片

将工作簿输出为图片的操作步骤如下。

① 在工作簿中选择要输出为图片的工作表。

② 单击文档窗口左上角的“文件”按钮，打开“文件”菜单。

③ 在菜单中选择“输出为图片”命令，打开“输出为图片”对话框，如图 2-6 所示。

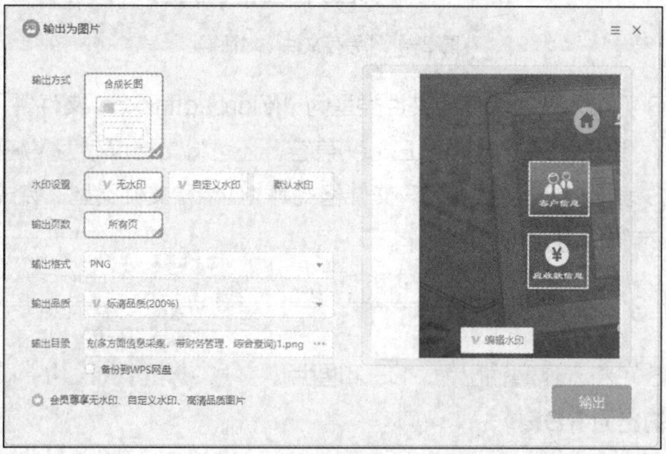

图 2-6 “输出为图片”对话框

④ 在“水印设置”栏中选择无水印、自定义水印或默认水印。

⑤ 在“输出格式”下拉列表中选择输出图片的文件格式。

⑥ 在“输出品质”下拉列表中选择输出图片的品质。

学习笔记

⑦ 在“输出目录”输入框中输入图片的保存位置，可单击输入框右侧的“...”按钮打开对话框选择保存位置。

⑧ 单击“输出”按钮，执行输出操作。

2.1.4 打开工作簿

在系统桌面或文件夹中双击工作簿图标，可启动 WPS 表格，并打开表格文档。WPS 表格启动后，按【Ctrl + O】键，或在“文件”菜单中选择“打开”命令，打开“打开文件”对话框。在对话框的文件列表中双击文件可直接打开文件。也可以在单击文件后，单击“打开”按钮打开文件。

2.1.5 工作簿窗口组成

工作簿窗口如图 2-7 所示。

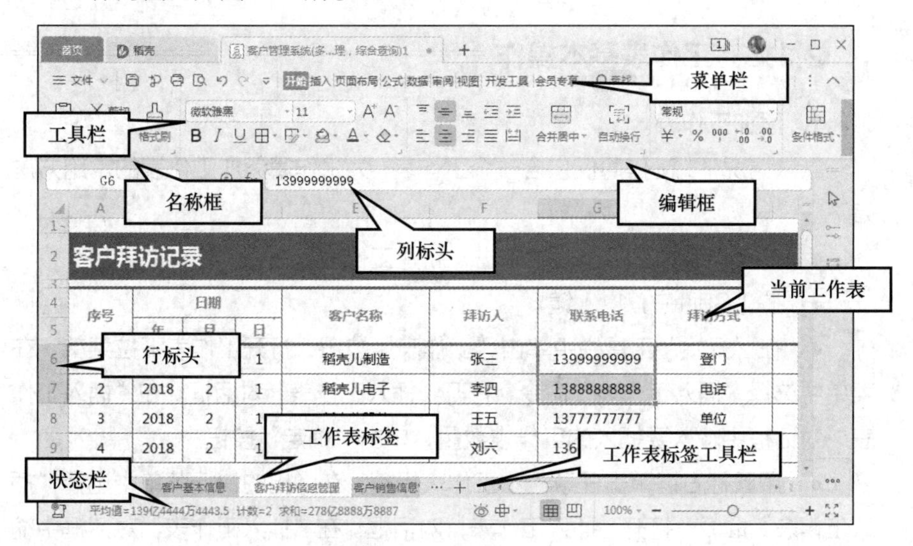

图 2-7 工作簿窗口

- 菜单栏：显示菜单按钮，单击按钮可显示相应的工具栏。
- 工具栏：显示各种命令按钮，单击按钮执行相应操作。
- 名称框：显示当前单元格名称，列名称和行编号组成单元格名称。例如，G6 为第 G 列第 6 行的单元格。
- 编辑框：用于显示和编辑当前单元格内容。
- 列标头：显示列名称，单击可选中对应列。列名称用英文大写字母表示，从第 1 列开始依次用 A、B、C……Z 等表示，单字母排列完后，则在单字母后增加一个字母，如 AA、AB、AC……AZ，BA、BB……BZ，AAA、AAB 等。
- 行标头：显示行编号，单击可选中对应行。行编号为数字，编号从 1 开始。

学习笔记

- 状态栏：显示选中单元格平均值、计数等统计结果，以及缩放等工具。
- 当前工作表：工作簿可包含多个工作表，当前工作表显示在编辑窗口中。
- 工作表标签工具栏：包含用于管理工作表的命令按钮和工作表标签。

◆ 工作表导航按钮：单击“第一个”按钮|<可使第一个工作表成为当前工作表；单击“前一个”按钮<可使前一个工作表成为当前工作表；单击“后一个”按钮>可使后一个工作表成为当前工作表；单击“最后一个”按钮>|可使最后一个工作表成为当前工作表。

◆ 工作表标签：显示当前工作表名称，单击标签可使工作表成为当前工作表，双击标签可编辑工作表名称。

◆ “切换工作表”按钮…：单击可打开工作表名称列表，在列表中单击工作表名称使其成为当前工作表。

◆ “新建工作表”按钮+：单击可添加一个新的空白工作表。

2.1.6 工作表基本操作

1. 添加工作表

默认情况下，工作簿仅包含一个工作表。为工作簿添加工作表的常用方法如下。

- 在工作表标签工具栏中单击“新建工作表”按钮。
- 按【Shift + F11】键。
- 在“开始”工具栏中单击“工作表”按钮，打开工作表下拉菜单，在菜单中选择“插入工作表”命令，打开“插入工作表”对话框。在“插入工作表”对话框中输入要插入的工作表数量，单击“确定”按钮。
- 用鼠标右键单击任意一个工作表标签，在弹出的快捷菜单中选择“插入工作表”命令，打开“插入工作表”对话框。在“插入工作表”对话框中输入要插入的工作表数量，单击“确定”按钮。

2. 删除工作表

删除工作表的方法如下。

- 在“开始”工具栏中单击“工作表”按钮，打开工作表下拉菜单，在菜单中选择“删除工作表”命令。
- 用鼠标右键单击工作表标签，在弹出的快捷菜单中选择“删除工作表”命令。

被删除的工作表不能恢复，在删除时应慎重。

3. 修改工作表名称

WPS 表格默认使用 Sheet1、Sheet2、Sheet3 等作为工作表名称。WPS 表格允许用户修改工作表名称，方法如下。

- 双击工作表标签，使其进入编辑状态，然后修改名称。

学习笔记

- 用鼠标右键单击工作表标签，在弹出的快捷菜单中选择“重命名”命令，使其进入编辑状态，然后修改名称。
- 在“开始”工具栏中单击“工作表”按钮，打开工作表下拉菜单，在菜单中选择“重命名”命令，使当前工作表标签进入编辑状态，然后修改名称。

4. 复制工作表

在当前工作簿中复制工作表的方法如下。

- 在“开始”工具栏中单击“工作表”按钮，打开工作表下拉菜单，在菜单中选择“复制工作表”命令。
- 用鼠标右键单击工作表标签，在弹出的快捷菜单中选择“复制工作表”命令。
- 按住【Ctrl】键，拖动工作表标签。

5. 移动工作表

在同一个工作簿中，拖动工作表标签可调整工作表之间的先后顺序。

可使用“移动或复制工作表”对话框来复制或者移动工作表。打开“移动或复制工作表”对话框的方法如下。

- 在“开始”工具栏中单击“工作表”按钮，打开工作表下拉菜单，在菜单中选择“移动或复制工作表”命令。
- 用鼠标右键单击工作表标签，在弹出的快捷菜单中选择“移动或复制工作表”命令。

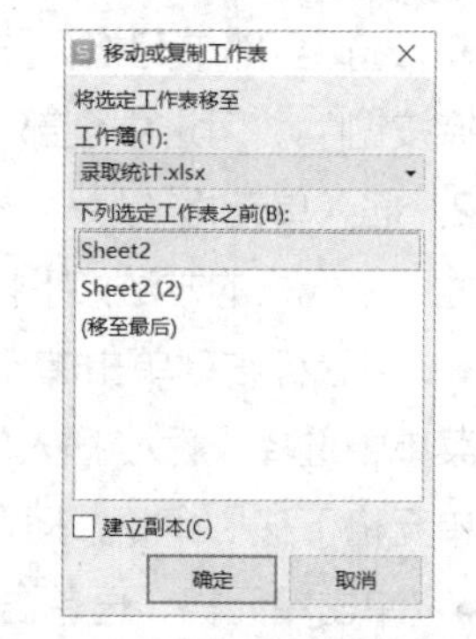

图 2-8 “移动或复制工作表”对话框

“移动或复制工作表”对话框如图 2-8 所示。在工作表名称列表中双击工作表名称，或者单击工作表名称，再单击“确定”按钮，可将当前工作表移动到指定工作表之前。如果在对话框中选中“建立副本”复选框，可复制当前工作表。在对话框的“工作簿”下拉列表中选择其他已打开的工作簿，可将工作表移动或复制到另一个工作簿。

2.1.7 单元格基本操作

1. 选择单元格

选择单元格的方法如下。

- 选择单个单元格：单击单元格即可将其选中。选中单个单元格后，按方向键可选择相邻的单元格。
- 选择相邻的多个单元格：单击第一个单元格，按住鼠标左键拖动，可选中相邻的多个单元格；或者单击第一个单元格，按住【Shift】键，再单击另一个单元格，可选中以这两个单元格为对角的矩形区域内的所有单元格。
- 选择分散的多个单元格：按住【Ctrl】键，单击分散的单个单元格，

学习笔记

或者拖动选择多个不连续的相邻单元格。

- 选择单列：单击列标头可选中对应列。
- 选择相邻的多列：单击要选择的第一列的列标头，按住【Shift】键，再按【←】或【→】方向键可选中相邻的多列；或者在要选择的第一列列标头上按住鼠标左键拖动，也可选中相邻的多列。
- 选择分散的多列：按住【Ctrl】键，单击列的列标头选中分散的单列，或者在列标头上按住鼠标左键拖动选中多个不连续的相邻列。
- 选择单行：单击行标头可选中对应行。
- 选择相邻的多行：单击要选择的第一行的行标头，按住【Shift】键，再按【↑】或【↓】方向键可选中相邻的多行；或者在选择的第一行行标头上按住鼠标左键拖动，也可选中相邻的多行。
- 选择分散的多行：按住【Ctrl】键，单击行的行标头选中分散的单行，或者在行标头上按住鼠标左键拖动选中多个不连续的相邻行。
- 选择全部单元格：按【Ctrl + A】键，或者单击工作表左上角的工作表选择按钮，可选中全部单元格。

2. 插入单元格

插入单元格的方法如下。

- 用鼠标右键单击单元格（该单元格称为活动单元格），然后在弹出的快捷菜单中选择“插入\插入单元格，活动单元格右移”或“插入\插入单元格，活动单元格下移”命令，插入单元格。
- 单击单元格，再单击“开始”工具栏中的“行和列”按钮，打开下拉菜单，在菜单中选择“插入单元格\插入单元格”命令，打开“插入”对话框，在对话框中选择“活动单元格右移”或者“活动单元格下移”选项，单击“确定”按钮完成插入单元格。

3. 插入行

插入行的方法如下。

- 单击单元格或行标头，再单击“开始”工具栏中的“行和列”按钮，打开下拉菜单，在菜单中选择“插入单元格\插入行”命令。
- 用鼠标右键单击单元格或行标头，然后在弹出的快捷菜单中选择“插入”命令插入一行；可在“插入”命令右侧的“行数”数值输入框中输入要插入的行数，然后选择“插入”命令或按【Enter】键完成插入。

4. 插入列

插入列的方法如下。

- 单击单元格或列标头，再单击“开始”工具栏中的“行和列”按钮，打开下拉菜单，在菜单中选择“插入单元格\插入列”命令。
- 用鼠标右键单击单元格或列标头，然后在弹出的快捷菜单中选择“插

学习笔记

入”命令插入一列；可在“插入”命令右侧的“列数”数值输入框中输入要插入的列数，然后选择“插入”命令或按【Enter】键完成插入。

5. 删除单元格

删除单元格的方法如下。

- 用鼠标右键单击单元格，然后在弹出的快捷菜单中选择“删除\右侧单元格左移”或者“删除\下方单元格上移”命令完成删除单元格。
- 单击单元格或选中多个单元格，再单击“开始”工具栏中的“行和列”按钮，打开下拉菜单，在菜单中选择“删除单元格\删除单元格”命令，打开“删除”对话框，在对话框中选择处理方式，单击“确定”按钮完成删除单元格。

6. 删除行（列）

删除行（列）的方法如下。

- 用鼠标右键单击行（列）标头，然后在弹出的快捷菜单中选择“删除”命令。
- 选中要删除的行（列）中的任意一个单元格，单击“开始”工具栏中的“行和列”按钮，打开下拉菜单，在菜单中选择“删除单元格\删除行”或“删除单元格\删除列”命令。

7. 调整列宽

默认情况下，所有列的宽度相同，可用下面的方法调整列宽。

- 将鼠标指针指向列标头之间的分隔线，鼠标指针变为↔时，按住鼠标左键，左右拖动调整列宽。
- 将鼠标指针指向列标头之间的分隔线，鼠标指针变为↔时，双击即可自动调整列宽。
- 选中要调整宽度的列，再用鼠标右键单击，在弹出的快捷菜单中选择“列宽”命令，打开“列宽”对话框，在对话框中设置列宽，然后单击“确定”按钮完成调整列宽。
- 选中要调整宽度的列，单击“开始”工具栏中的“行和列”按钮，打开下拉菜单，在菜单中选择“列宽”命令，打开“列宽”对话框，在对话框中设置列宽，然后单击“确定”按钮完成调整列宽。

8. 单元格的合并方法

合并单元格指将多个相邻单元格合并为一个单元格。WPS 表格提供了多种合并单元格的方法。

（1）合并居中

合并居中是指合并选中单元格，只保留选中区域中左上角单元格数据，并水平居中显示，不改变原先的垂直方向对齐格式。合并方法为：选中单元格后，单击“开始”工具栏中的“合并居中”下拉按钮，打开下拉菜单，在菜单中选

学习笔记

择“合并居中”命令完成合并；或者用鼠标右键单击单元格，然后在快捷工具栏中单击“合并”下拉按钮，打开下拉菜单，在菜单中选择“合并居中”命令完成合并。图 2-9 展示了合并居中效果。

（2）合并单元格

合并单元格是指合并选中单元格，只保留选中区域中左上角单元格数据，对齐方式不变。合并方法为：选中单元格后，单击“开始”工具栏中的“合并居中”下拉按钮，打开下拉菜单，在菜单中选择“合并单元格”命令完成合并；或者用鼠标右键单击单元格，然后在快捷工具栏中单击“合并”下拉按钮，打开下拉菜单，在菜单中选择“合并单元格”命令完成合并。图 2-10 展示了合并单元格效果。

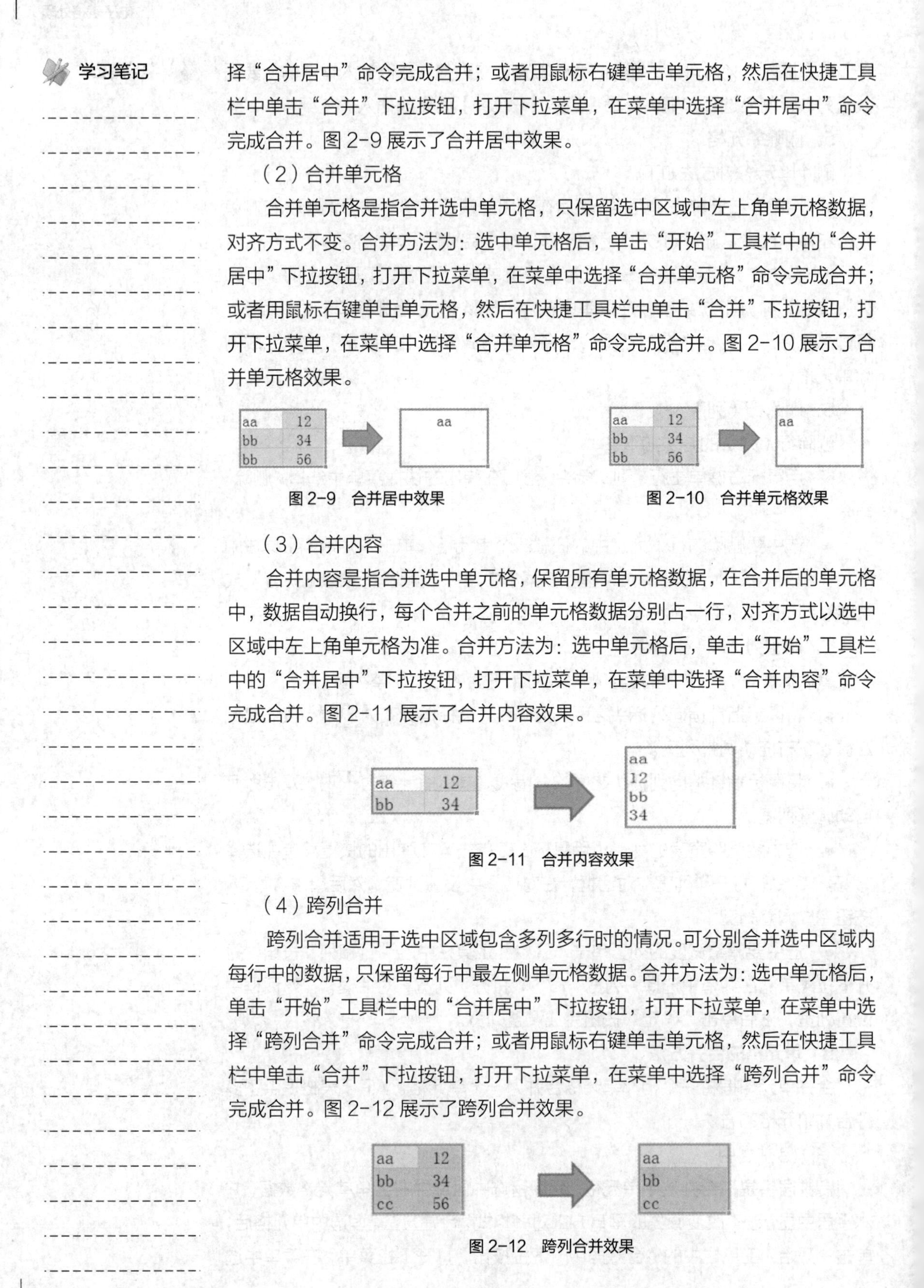

图 2-9　合并居中效果

图 2-10　合并单元格效果

（3）合并内容

合并内容是指合并选中单元格，保留所有单元格数据，在合并后的单元格中，数据自动换行，每个合并之前的单元格数据分别占一行，对齐方式以选中区域中左上角单元格为准。合并方法为：选中单元格后，单击“开始”工具栏中的“合并居中”下拉按钮，打开下拉菜单，在菜单中选择“合并内容”命令完成合并。图 2-11 展示了合并内容效果。

图 2-11　合并内容效果

（4）跨列合并

跨列合并适用于选中区域包含多列多行时的情况。可分别合并选中区域内每行中的数据，只保留每行中最左侧单元格数据。合并方法为：选中单元格后，单击“开始”工具栏中的“合并居中”下拉按钮，打开下拉菜单，在菜单中选择“跨列合并”命令完成合并；或者用鼠标右键单击单元格，然后在快捷工具栏中单击“合并”下拉按钮，打开下拉菜单，在菜单中选择“跨列合并”命令完成合并。图 2-12 展示了跨列合并效果。

图 2-12　跨列合并效果

学习笔记

（5）跨列居中

跨列居中适用于选中区域内，行中只有最左侧单元格有数据的情况。可将该行中的数据跨列居中显示，否则将在单元格中居中显示。跨列居中仅设置显示效果，不合并单元格。方法为：选中单元格后，单击“开始”工具栏中的“合并居中”下拉按钮，打开下拉菜单，在菜单中选择“跨列居中”命令完成合并；或者用鼠标右键单击单元格，然后在快捷工具栏中单击“合并”下拉按钮，打开下拉菜单，在菜单中选择“跨列居中”命令完成合并。图 2-13 展示了跨列居中效果，其中，第 1、2 行实现跨列居中，第 3 行的两个单元格数据分别在单元格居中显示。

（6）合并相同单元格

合并相同单元格适用于选中区域只包含单列的情况。可将包含相同数据的相邻单元格合并，去掉重复值。合并方法为：选中单元格后，单击“开始”工具栏中的“合并居中”下拉按钮，打开下拉菜单，在菜单中选择“合并相同单元格”命令完成合并。图 2-14 展示了合并相同单元格效果。

图 2-13　跨列居中效果

图 2-14　合并相同单元格效果

2.2 数据编辑

2.2.1 输入和修改数据

在单元格中输入和修改数据的方法如下。

- 单击单元格，直接输入数据。如果单元格原先有数据，此时原先的数据将被覆盖。
- 单击单元格，在编辑框中输入数据。如果单元格原先有数据，此时将修改原有的数据。
- 双击单元格，在单元格中输入数据。如果单元格原先有数据，此时将修改原有的数据。

在输入或修改单元格数据时，按【Enter】键或单击单元格之外的任意位置，可结束输入或修改。

2.2.2 自动填充

在同一行或列中输入有规律的数据时，可使用自动填充功能。自动填充的

学习笔记

操作方法为：选中用于填充的单个或多个单元格，然后将鼠标指针指向选择框右下角的填充柄，鼠标指针变为✚时，按住鼠标左键拖动，可填充相邻单元格。水平拖动将填充同一行中的单元格，垂直拖动将填充同一列中的单元格。

1. 填充相同数据

填充相同数据指使用一个单元格或多个单元格中的数据进行填充。

完成填充时，WPS 表格会显示填充选项按钮，单击按钮可打开填充选项菜单。图 2-15 展示了用一个单元格和多个单元格数据分别进行填充的结果及填充选项菜单。在填充选项菜单中可选择复制单元格、仅填充格式、不带格式填充或者智能填充。

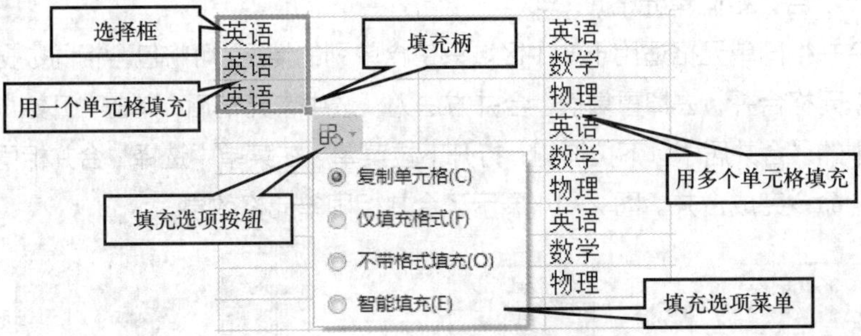

图 2-15　填充结果及填充选项菜单

2. 填充等差数列

这里的“等差数列”可以是数学意义上的等差数据，也可以是日常生活中使用的有序序列。如“一月、二月……”“星期一、星期二……”“2001 年、2002 年……”等。

如果差值为 1 或一，可输入第 1 个值，再执行填充。如果差值大于 1 或一，可输入前两个值，然后用这两个值执行填充。图 2-16 展示了各种填充数据。

一月	二月	三月	四月	五月
1	2	3	4	5
星期一	星期二	星期三	星期四	星期五
1	3	5	7	9
2001年	2004年	2007年	2010年	2013年

图 2-16　填充数据

3. 填充等比数列

对于数学中的等比数列，如 1、2、4、8……，可先输入前 3 项，然后用这 3 项执行填充。

2.2.3　数据类型

WPS 表格数据的类型主要包括文本类型和数字类型。

学习笔记

1. 文本类型

文本类型指由英文字母、数字、各种符号或其他语言符号组成的字符串，文本类型数据不能参与数值计算。文本类型数据默认为左对齐。

数字位数超过 11 位时，WPS 表格会自动将其识别为文本类型，并在数字前面添加英文单引号“'”，这种数据可称为数字字符串。单元格包含数字字符串时，其左上角会显示一个三角形图标进行提示。单击单元格，其左侧会显示提示按钮，单击按钮可打开提示菜单。图 2-17 展示了数字字符串的提示图标和提示菜单。数字字符串用于数值计算会导致结果出错，可从提示菜单中选择“转换为数字”命令，将其转换为数字类型。

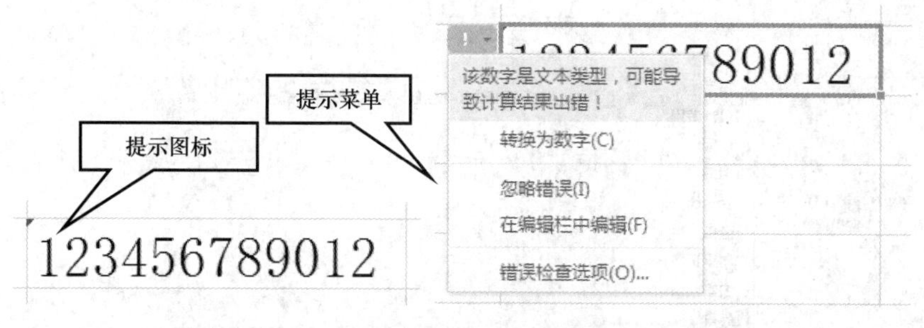

图 2-17　数字字符串的提示图标和提示菜单

数字位数小于或等于 11 位时，WPS 表格会将其识别为数字类型，默认为右对齐。在单元格中输入以 0 开头的数字字符串时，如果长度小于 6，WPS 表格会忽略前面的 0，将其识别为数字；如果长度大于或等于 6，WPS 表格自动将其识别为数字字符串，在其前面添加英文单引号。

在单元格中输入以 0 开头、长度小于 6 的数字字符串，结束输入时，单元格左侧会显示转换按钮，鼠标指针指向转换按钮可显示原始输入数据，单击转换按钮可将数据转换为文本类型，如图 2-18 所示。

图 2-18　将数据转换为文本类型

可将文本类型的数字字符串转换为数字类型，转换方法为：选中包含数字字符串的单元格，在“开始”工具栏中单击“单元格”按钮，打开下拉菜单，在菜单中选择“文本转换成数值”命令完成转换；对于单个单元格中的数字字符串，还可使用前面介绍的方法，从提示菜单中选择“转换为数字”命令完成转换。

2. 数字类型

数字类型数据可用于数值计算。单元格默认以常规方式显示数据，即文本

学习笔记

左对齐、数字右对齐。可以将数字设置为常规、数值、货币、会计专用、日期、时间、文本等十余种显示格式，设置方法如下。

- 选中单元格，在“开始”工具栏中单击“数字格式”组合框右侧的下拉按钮，打开下拉菜单，从菜单中选择显示格式。
- 选中单元格，在“开始”工具栏中单击“单元格”按钮，打开下拉菜单，在菜单中选择“设置单元格格式”命令，打开“单元格格式”对话框的“数字”选项卡，如图 2-19 所示。在选项卡的“分类”列表中选择数字显示格式。

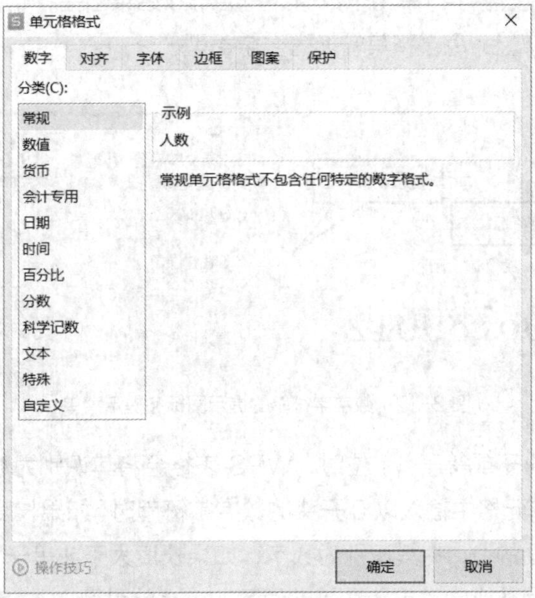

图 2-19 “数字”选项卡

- 用鼠标右键单击单元格，在弹出的快捷菜单中选择“设置单元格格式”命令，打开“单元格格式”对话框的“数字”选项卡，在选项卡的“分类”列表中选择数字显示格式。
- 选中单元格，按【Ctrl + 1】键打开“单元格格式”对话框的“数字”选项卡，在选项卡的“分类”列表中选择数字显示格式。

日期和时间数据本质上是数字，可在“单元格格式”对话框的“数字”选项卡中设置显示格式。在输入时，日期数据可使用“yyyy/mm/dd”“yy/mm/dd”“yy-mm-dd”“yy 年 mm 月 dd 日”等多种格式。

2.2.4 数据的复制和移动

1. 复制数据

复制数据指将单个或多个单元格中的数据复制到其他目标单元格，目标单元格可以在同一个工作表、不同工作表或不同工作簿的工作表中。

学习笔记

复制数据的操作步骤如下。

① 选中要复制的单元格。

② 执行复制操作：按【Ctrl + C】键；或单击“开始”工具栏中的“复制”按钮；或用鼠标右键单击单元格，然后在弹出的快捷菜单中选择“复制”命令。

③ 执行粘贴操作：单击目标单元格，按【Ctrl + V】键；或单击“开始”工具栏中的“粘贴”按钮；或用鼠标右键单击目标单元格，然后在弹出的快捷菜单中选择“粘贴”命令。

还可用拖动方式完成复制，具体方法为：选中要复制的单元格，将鼠标指针指向选择框右下角，当鼠标指针变为黑色十字箭头图标时，按住【Ctrl】键，按住鼠标左键将选中的单元格拖动到目标单元格，完成复制。

执行粘贴操作时，粘贴的数据单元格右下角会出现粘贴选项按钮，单击按钮可打开粘贴选项菜单，它与单击“开始”工具栏中的“粘贴”下拉按钮显示的菜单类似，也可从右键快捷菜单中的“选择性粘贴”子菜单中选择粘贴方式。默认粘贴操作会保留源格式，可在这3个菜单中选择其他粘贴方式，如图2-20所示。

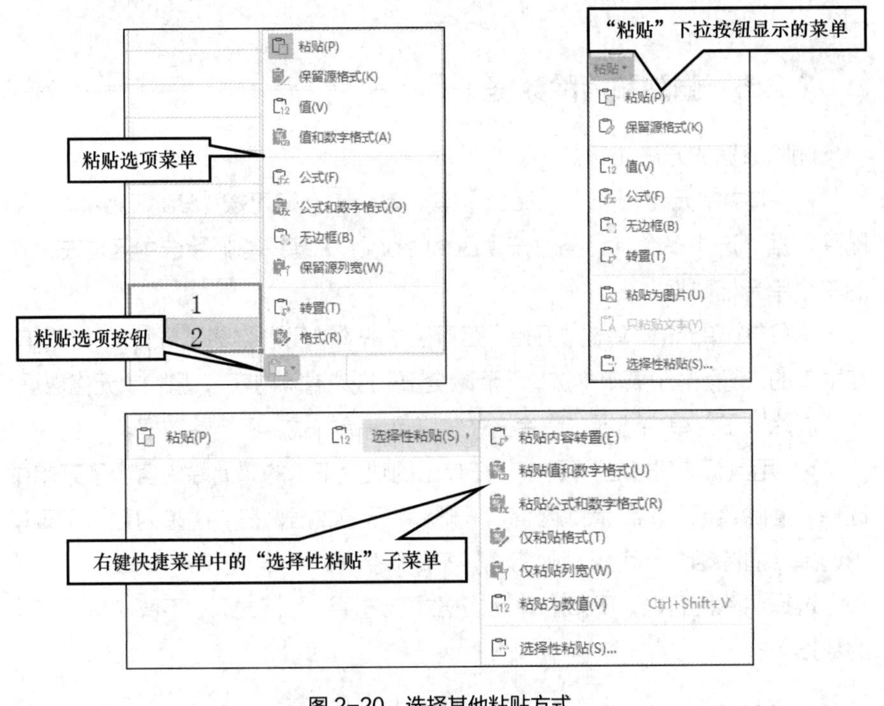

图2-20 选择其他粘贴方式

例如，在复制公式时，如果只需要复制计算结果，可在菜单中选择“值”；要在粘贴时将行列互换，可在菜单中选择“转置”。

2. 移动数据

移动数据指将单个或多个单元格中的数据移动到其他目标单元格，目标单

学习笔记

元格可以在同一个工作表、不同工作表或不同工作簿的工作表中。复制数据时，原单元格中的数据不变；移动数据时，原单元格中的数据将被删除。

移动数据的操作步骤如下。

① 选中要移动的单元格。

② 执行剪切操作：按【Ctrl + X】键；或单击“开始”工具栏中的“剪切”按钮；或用鼠标右键单击单元格，然后在弹出的快捷菜单中选择“剪切”命令。

③ 执行粘贴操作：单击目标单元格，按【Ctrl + V】键；或单击“开始”工具栏中的“粘贴”按钮；或用鼠标右键单击目标单元格，然后在弹出的快捷菜单中选择“粘贴”命令。

还可用拖动方式完成移动，具体方法为：选中要移动的单元格，将鼠标指针指向选择框右下角，当鼠标指针变为黑色十字箭头图标时，按住鼠标左键将选中单元格数据拖动到目标单元格，完成移动。

执行复制和剪切操作时，都是将数据复制到系统剪贴板，所以可在其他的工作簿或其他应用程序中执行粘贴操作，将复制的表格数据粘贴到目标应用中。

2.2.5 删除和清除数据

删除数据的方法如下。

- 选中单元格，按【Delete】键。单个单元格可按【Backspace】键删除数据。选中多个单元格时按【Backspace】键只能删除选中区域左上角的单个单元格数据。
- 选中单元格，单击“开始”工具栏中的“单元格”按钮，打开下拉菜单，在菜单的“清除”子菜单中选择“清除全部”或“清除内容”，删除单元格数据；在“清除”子菜单中选择“清除格式”可仅清除格式，不删除数据。
- 用鼠标右键单击单元格，在弹出的快捷菜单的“清除内容”子菜单中选择“清除全部”或“清除内容”，删除单元格数据；在“清除内容”子菜单中选择“清除格式”可仅清除格式，不删除数据。

选择清除内容时，不影响单元格格式。选择清除格式时，不影响单元格中的数据。

2.3 使用公式

2.3.1 单元格引用方式

单元格引用指通过单元格地址或单元格区域地址使用其中的数据。单元格

学习笔记

引用方式可分为相对引用、绝对引用和混合引用。

1. 相对引用

单元格地址只使用列名和行号时的引用方式称为相对引用。相对引用可使用下列几种格式。

- 引用单个单元格：用单元格名称引用单个单元格。例如，A1 表示引用 A 列第 1 行的单元格，B2 表示引用 B 列第 2 行的单元格。
- 引用单元格区域：用“区域左上角单元格地址：区域右下角单元格地址”表示单元格区域。例如，A1:C3 表示引用 A 列第 1 行到 C 列第 3 行包围的区域。
- 引用整列：用“列名:列名”表示整列。例如，A:A 表示引用 A 列，A:C 表示引用 A、B 和 C 共 3 列。
- 引用整行：用“行号:行号”表示整行。例如，1:1 表示引用第 1 行，2:4 表示引用第 2、3 和 4 共 3 行。

相对引用可根据位置变化而改变。假设使用相对引用的公式位于第 *x*1 行第 *y*1 列的单元格，将其复制到第 *x*2 行第 *y*2 列的单元格，则目标公式所包含的相对引用中的行号等于原来的行号加上 *x*2 减去 *x*1，列号等于原来的列号加上 *y*2 减去 *y*1。例如，D1 单元格中的公式为“=A1 + B1 + C1”，将其复制到 D2 中，则目标公式为“=A2 + B2 + C2”。

2. 绝对引用

在单元格地址的列名或行号前加上“$”符号作为前缀时的引用方式称为绝对引用，绝对引用不会因为位置变化而改变。例如，公式“=SUM($A$1:$C$3)”表示计算 A 列第 1 行到 C 列第 3 行包围的区域中单元格的和，复制该公式时，引用范围不会发生变化。

3. 混合引用

混合使用相对引用和绝对引用的方式称为混合引用。例如，公式“=SUM($A1:C$3)”使用了混合引用。

单元格地址的完整引用格式为：[工作簿名称]工作表名称!单元格地址。例如，“[成绩表]Sheet1! A3”。在引用同一个工作表中的单元格时，可省略“[工作簿名称]工作表名称!”；引用同一个工作簿的不同工作表中的单元格时，可省略“[工作簿名称]”；引用不同工作簿中的单元格则需要使用完整名称。在编辑公式中的单元格地址时，按【F4】键可将引用地址切换为相对引用或绝对引用。

2.3.2 编辑公式

公式是单元格中以“=”开始，由单元格地址、运算符、数字及函数等组成的表达式。单元格中显示公式的计算结果。

学习笔记

在输入公式时，可在单元格或编辑框中编辑公式。在需要输入单元格地址时，可单击单元格或拖动选择单元格区域，将对应单元格地址添加到公式中。如果是修改原有的单元格地址，可先在公式中选中该地址，然后单击其他的单元格或拖动选择单元格区域，用新单元格地址替换公式中的原有地址。

默认情况下，单元格显示公式的计算结果。可单击“公式”工具栏中的“显示公式”按钮，切换单元格中是显示公式还是显示计算结果。

2.3.3 使用函数

函数用于在公式中完成各种复杂的数据处理。例如，SUM()函数用于计算指定单元格的和，LEN()函数用于计算文本字符串中的字符个数。

WPS 表格中的函数可分为下列类型。

- 财务函数：用于执行财务相关的计算。例如，ACCRINT()函数用于返回到期一次性付息有偿证券的应计利息。
- 日期和时间函数：用于执行日期与时间相关的计算。例如，HOUR()函数用于返回时间中的小时数值，MONTH()函数用于返回日期中的月份数值。
- 数学和三角函数：用于执行数学和三角函数相关的计算。例如，ABS()函数返回给定数字的绝对值，ASIN()用于返回给定参数的反正弦值。
- 统计函数：对数据执行统计分析。例如，MAX()函数用于返回一组数据中的最大值。
- 查找与引用函数：用于执行查找或引用相关的计算。例如，MATCH()函数用于返回在指定方式下与指定项匹配的数组元素中元素的相应位值。
- 数据库函数：将单元格区域作为数据库来执行相关计算。例如，DSUM()函数用于返回数据库中符合条件记录的数字字段的和。
- 文本函数：用于对文本字符串执行相关计算。例如，LEFT()函数用于返回文本字符串从第一个字符开始的指定个数的字符。
- 逻辑函数：用于执行逻辑运算。例如，IF()函数用于在给定条件成立时返回一个值，条件不成立时返回另一个值。
- 信息函数：用于获取数据的相关信息。例如，TYPE()函数用于返回数据的类型。
- 工程函数：用于执行工程相关计算。例如，IMSUM()函数用于计算复数的和。

在编辑公式时，可直接输入函数，也可通过工具栏和菜单来插入函数。通过工具栏和菜单来插入函数的方法如下。

- 单击“开始”工具栏中的“求和”按钮∑，插入求和函数 SUM()。
- 单击“开始”工具栏中的“求和”下拉按钮求和▾，打开函数下拉菜

学习笔记

单，从菜单中选择“求和”“平均值”“计数”“最大值”“最小值”等命令，插入相应的函数。

- 单击“开始”工具栏中的“求和”下拉按钮求和▾，打开函数下拉菜单，从菜单中选择“其他函数”命令，打开“插入函数”对话框，如图 2-21 所示。可在对话框的“查找函数”输入框中输入函数的名称或描述信息来查找函数，或者在“或选择类别”下拉列表中选择函数类型，然后在“选择函数”列表框中单击要插入的函数，最后单击“确定”按钮完成插入函数。
- 单击“公式”工具栏中的“插入函数”按钮，打开“插入函数”对话框，用对话框插入函数。
- 单击“公式”工具栏中的函数类型按钮，打开相应函数列表，可在列表中选择插入函数。

当单元格中已经输入了函数或者在编辑公式时选中函数，在函数下拉菜单中选择“其他函数”命令时，会打开“函数参数”对话框，如图 2-22 所示。

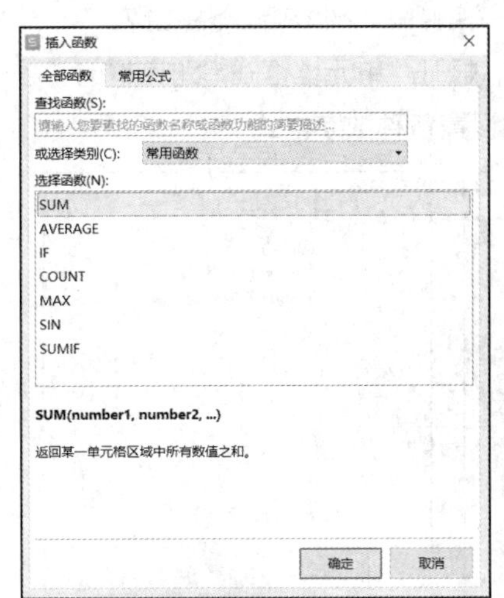

图 2-21 “插入函数”对话框

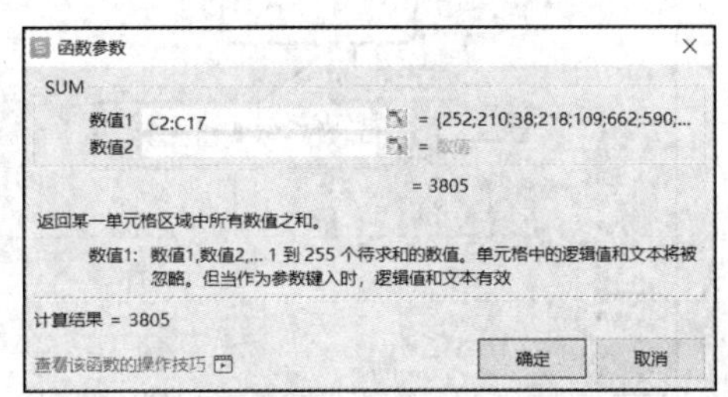

图 2-22 “函数参数”对话框

“函数参数”对话框中的“数值 1”和“数值 2”输入框用于输入函数参数，函数参数可以是常量、单元格地址、单元格区域地址或其他函数。可以在对话框中直接输入单元格地址或单元格区域地址；也可先单击输入框，然后在表格中单击单元格或者拖动选择单元格区域，将对应单元格地址插入对话框。

2.4 格式设置

格式设置用于设置表格的外观，如数字显示格式、对齐方式、字体、边框、底纹等。

学习笔记

2.4.1 数字显示格式

“开始”工具栏中的数字格式组中的工具可用于设置数字显示格式，如图 2-23 所示。

“数字格式”组合框[数值]显示了选中单元格的数字格式。设置数字格式的方法如下。

- 在“数字格式”组合框中输入格式名称，按【Enter】键确认。
- 单击“数字格式”组合框右侧的下拉按钮，打开格式列表，在列表中选择常用格式。
- 单击“货币”按钮¥，可将显示格式设置为“货币”。
- 单击“百分比”按钮%，可将显示格式设置为“百分比”。
- 单击“千位分隔样式”按钮000，可将显示格式设置为“数值”，且使用千位分隔样式。
- 对于带有小数位的数值格式，可单击“增加小数位数”按钮增加小数部分的位数，或单击“减少小数位数”按钮减少小数部分的位数。
- 单击数字格式组右下角的按钮，打开“单元格格式”对话框的“数字”选项卡，如图 2-24 所示。可在其中设置各种数字格式。

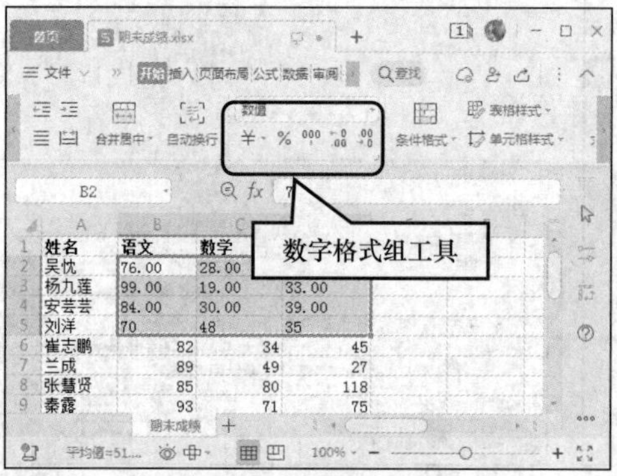

图 2-23 数字格式组工具

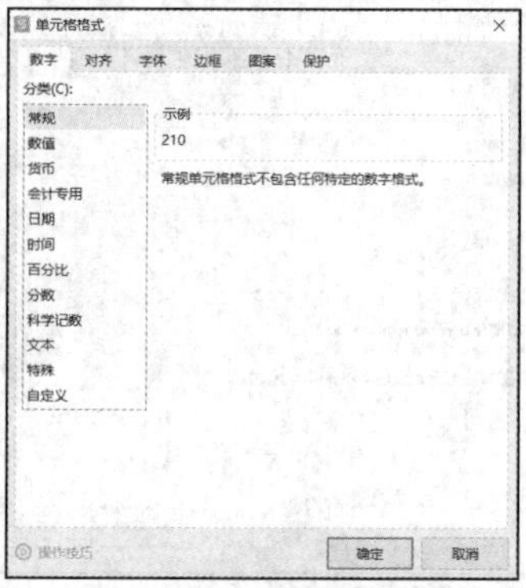

图 2-24 “数字”选项卡

提示 可用多种方式打开“单元格格式”对话框，包括按【Ctrl+1】键；或单击“开始”工具栏中的“单元格”按钮，打开下拉菜单，在菜单中选择“设置单元格格式”；或用鼠标右键单击单元格，在弹出的快捷菜单中选择“设置单元格”命令。

2.4.2 数据有效性

单击“数据”工具栏中的“有效性”按钮，如图 2-25 所示，在弹出的下

学习笔记

拉菜单中选择“有效性”命令，可在弹出的“数据有效性”对话框中设置有效性。在“允许”下拉列表中选择“序列”选项，单击“来源”输入框中右侧的按钮后选择表格中需要设置有效性的区域，单击“确定”按钮。将鼠标指针移至设置单元格右下角，当鼠标指针变成“+”时，按住鼠标拖动完成所有单元格的设置。

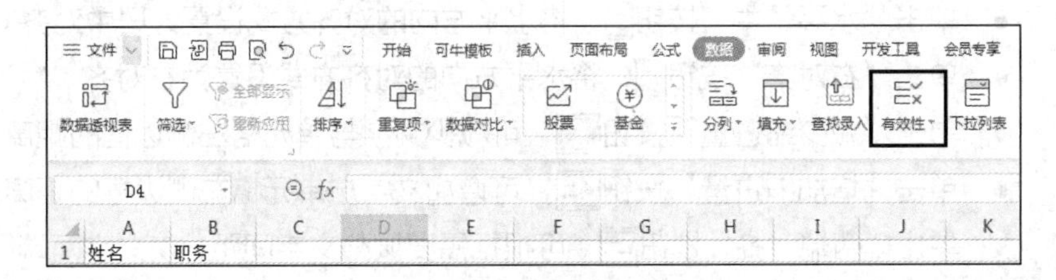

图 2-25 “有效性”按钮

如果工作表没有目标序列这样的信息，可以新增一个目标序列。也可以在“数据有效性”对话框的“来源”输入框中输入，如图 2-26 所示。注意：目标序列之间要用英文逗号。

为防止信息录入出错，可以对“出错警告”进行设置，“出错警告”选项卡如图 2-27 所示。在“标题”输入框中输入“输入错误”，在“错误信息”输入框中输入错误信息，单击“确定”按钮即可。

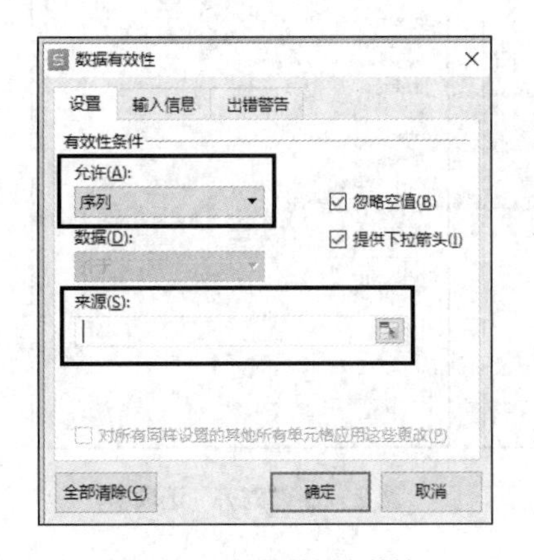

图 2-26 设置数据有效性

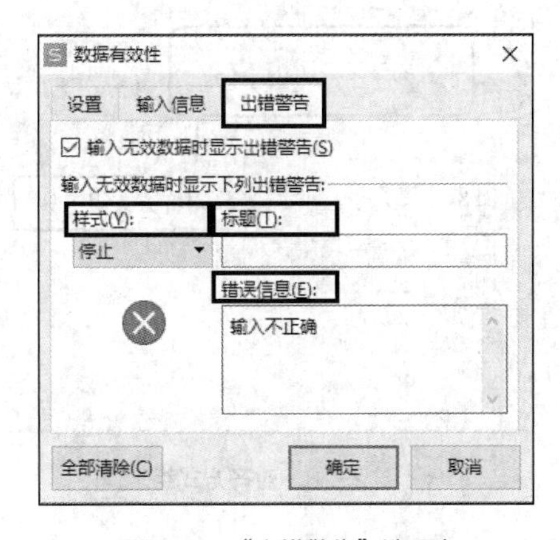

图 2-27 “出错警告”选项卡

2.4.3 对齐方式

对齐方式指数据在单元格内部的水平或垂直方向上的位置。文本的默认对齐方式为：左对齐、垂直居中，即水平方向为左对齐、垂直方向为居中。数字的默认对齐方式为：右对齐、垂直居中，即水平方向为右对齐、垂直方向为居中。

通过“开始”工具栏中的对齐方式组中的工具可进行对齐方式的设置，如

学习笔记

图 2-28 所示。对齐方式的设置方法如下。

- 单击“顶端对齐”按钮，将垂直方向的对齐方式设置为顶端对齐。
- 单击“垂直居中”按钮，将垂直方向的对齐方式设置为居中对齐。
- 单击“底端对齐”按钮，将垂直方向的对齐方式设置为底端对齐。
- 单击“左对齐”按钮，将水平方向的对齐方式设置为左对齐。
- 单击“水平居中”按钮，将水平方向的对齐方式设置为居中对齐。
- 单击“右对齐”按钮，将水平方向的对齐方式设置为右对齐。
- 单击“减少缩进量”按钮，可减少文字与单元格左侧边框的距离。
- 单击“增加缩进量”按钮，可增加文字与单元格左侧边框的距离。
- 单击“两端对齐”按钮，可根据需要调整文字间距，使文字两端同时进行对齐。
- 单击“分散对齐”按钮，可根据需要调整文字间距，使段落两端同时进行对齐。
- 单击“自动换行”按钮，可设置或取消自动换行。
- 单击对齐方式组右下角的按钮，打开“单元格格式”对话框的“对齐”选项卡，可在其中设置各种对齐方式，如图 2-29 所示。

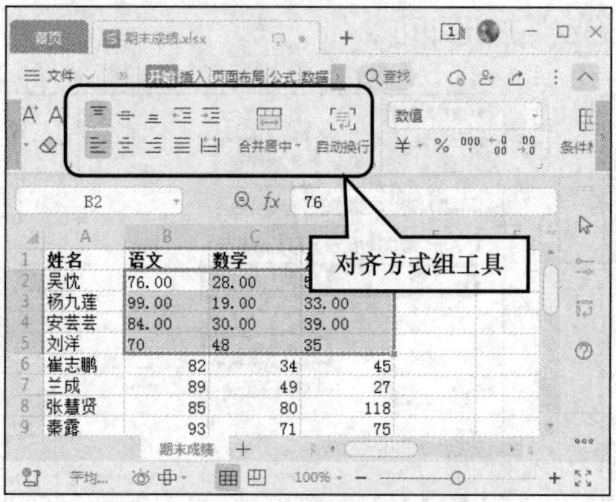

图 2-28　对齐方式组工具

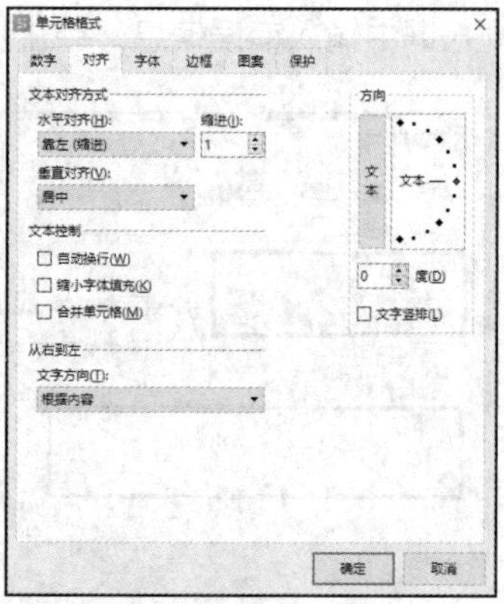

图 2-29　“对齐”选项卡

2.4.4　设置字体

“开始”工具栏中的字体设置组中的工具用于设置字体相关的选项，如图 2-30 所示。

字体选项的设置方法如下。

- 设置字体名称：在“字体”组合框中输入字体名称，按【Enter】键确认；或者单击“字体”组合框右侧的下拉按钮，打开字体列表，在其中选择字体名称。

学习笔记

- 设置字号：在“字号”组合框[11]中输入字号，按【Enter】键确认；或者单击“字号”组合框右侧的下拉按钮，打开字号列表，在其中选择字号。单击“增大字号”按钮[A⁺]，可增大字号；单击“减小字号”按钮[A⁻]，可减小字号。
- 设置粗体效果：单击“加粗”按钮[B]，可添加或取消加粗效果。
- 设置斜体效果：单击“斜体”按钮[I]，可添加或取消斜体效果。
- 设置下画线效果：单击“下画线”按钮[U]，可添加或取消下画线。
- 单击“字体颜色”按钮[A]可设置文字颜色，按钮会显示当前颜色。单击按钮右侧的下拉按钮，可打开颜色下拉菜单，在其中可选择其他颜色。
- 单击字体设置组右下角的[⌟]按钮，打开“单元格格式”对话框的“字体”选项卡，如图 2-31 所示。在其中可设置各种字体选项。

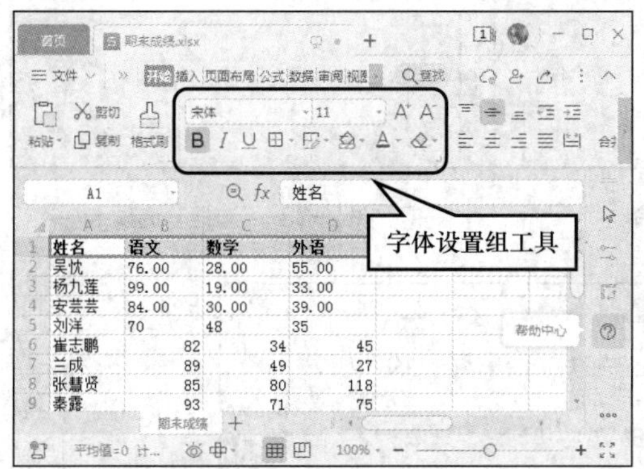

图 2-30　字体设置组工具

图 2-31　“字体”选项卡

2.4.5　设置边框

默认情况下，表格没有边框，WPS 表格显示的灰色边框线只是用于示意边框位置。如果需要打印出边框，就需要手动设置边框。

“开始”工具栏的字体设置组中的“边框样式”按钮[田]显示了之前使用过的边框样式，单击按钮可为单元格设置该样式。单击“边框样式”按钮右侧的下拉按钮，可打开边框样式下拉菜单，如图 2-32 所示。在菜单中可选择边框样式，选择其中的“其他边框”命令，可打开“单元格格式”对话框的“边框”选项卡，在其中设置各种边框选项，如图 2-33 所示。

WPS 表格还提供了绘制边框功能。单击“开始”工具栏的字体设置组中的“绘图边框”按钮[✎]右侧的下拉按钮，可打开绘制边框下拉菜单，如图 2-34 所示。“绘图边框”按钮始终显示之前用过的边框样式。在菜单中选择“绘图边框”命令或“绘图边框网格”命令，可进入绘制边框状态，再次选择命令可退出绘制边框状态。选择“绘图边框”命令进入绘制边框状态时，拖动可为多

学习笔记

个单元格添加外边框，或者绘制单条边框线。选择“绘图边框网格”命令进入绘制边框状态时，拖动可为多个单元格添加外边框以及内部所有网格线。在绘制边框下拉菜单的“线条颜色”子菜单中可设置绘制边框使用的颜色，在“线条样式”子菜单中可设置绘制边框使用的线条样式。

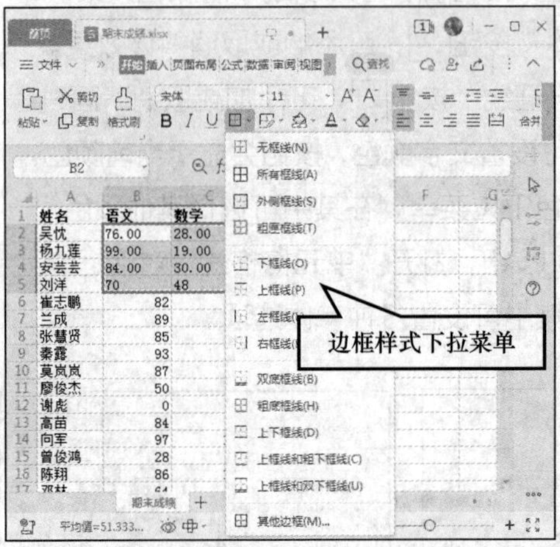

图 2-32　边框样式下拉菜单

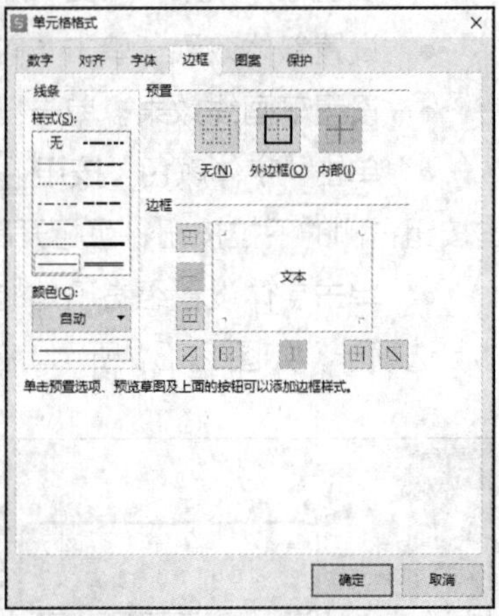

图 2-33　“边框”选项卡

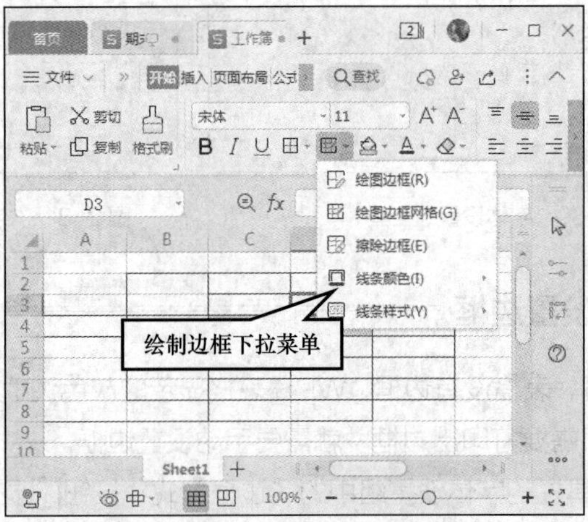

图 2-34　绘制边框下拉菜单

2.4.6　设置填充颜色

填充颜色指单元格的背景颜色。“开始”工具栏的字体设置组中的“填充颜色”按钮显示了当前填充颜色，单击按钮可将当前填充颜色应用到选中的单元格。单击“填充颜色”右侧的下拉按钮，可打开填充颜色下拉菜单，如图 2-35 所示。在菜单中可选择填充颜色，选择菜单中的“无填充颜色”命令可取消填充颜色。

学习笔记

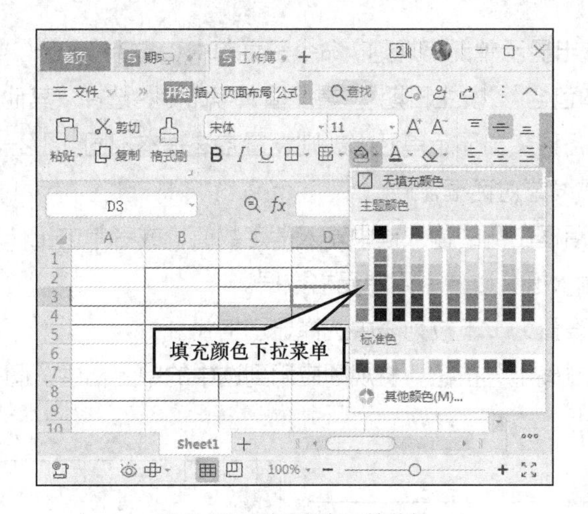

图 2-35　填充颜色下拉菜单

2.4.7　条件格式

条件格式用于为单元格设置显示规则，满足规则条件时应用显示格式。例如，在成绩表中，可应用突出显示单元格规则，将小于 60 分的成绩用红色文本显示。

在“开始”工具栏中单击“条件格式”按钮，可打开条件格式下拉菜单，如图 2-36 所示。条件格式下拉菜单包含突出显示单元格规则、项目选取规则、数据条、色阶、图标集、新建规则、清除规则和管理规则等命令。

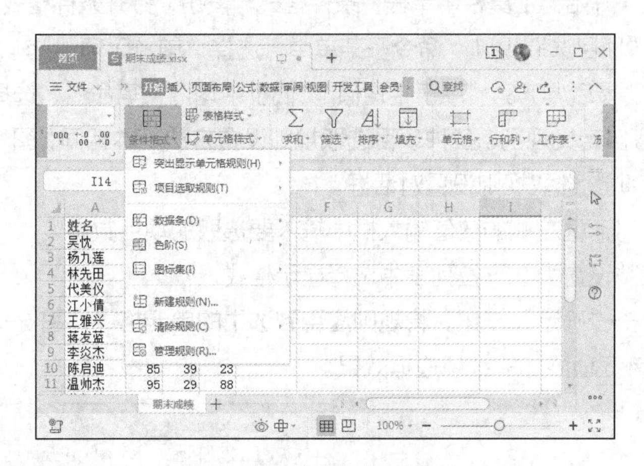

图 2-36　条件格式下拉菜单

1. 突出显示单元格规则

突出显示单元格规则可将满足条件的单元格用填充颜色和文本颜色突出显示。设置突出显示单元格规则的步骤如下。

① 选中要设置规则的单元格。

② 在“开始”工具栏中单击“条件格式”按钮，打开条件格式下拉菜单。

学习笔记

在菜单的“突出显示单元格规则”命令子菜单中，选择“大于”“小于”“介于”“等于”“文本包含”“发生日期”“重复值”等命令，选择“其他规则”命令可自定义规则。各种突出显示单元格规则设置方法基本相同，图 2-37 展示了“小于”条件格式设置对话框。

③ 在对话框左侧的输入框中输入指定数值，或者单击工作表的单元格将其地址插入输入框，以便引用单元格数据。

④ 在“设置为”下拉列表中选择显示格式。

⑤ 单击“确定”按钮，将规则应用到选中的单元格中。图 2-38 展示了突出显示效果。

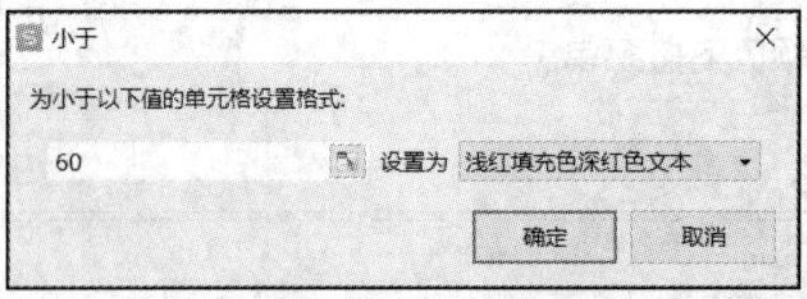

图 2-37 “小于”条件格式设置对话框 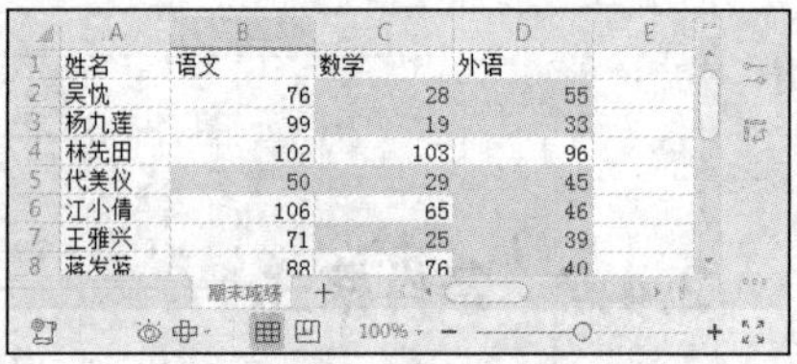　　图 2-38 突出显示效果

2. 项目选取规则

项目选取规则可将满足条件的多个单元格用填充颜色和文本颜色突出显示。设置项目选取规则的步骤如下。

① 选中要设置规则的单元格。

② 在“开始”工具栏中单击“条件格式”按钮，打开条件格式下拉菜单。在菜单的“项目选取规则”命令子菜单中，选择“前 10 项”“前 10%”“最后 10 项”“最后 10%”“高于平均值”“低于平均值”等命令，选择“其他规则”命令可自定义规则。各种项目选取规则设置方法基本相同，图 2-39 展示了“前 10 项”选取规则设置对话框。

③ 在对话框左侧的数值输入框中输入要选取的项目数量。

④ 在“设置为”下拉列表中选择显示格式。

⑤ 单击“确定”按钮，将规则应用到选中的单元格中。图 2-40 展示了值最大的前 5 项添加的红色边框效果。

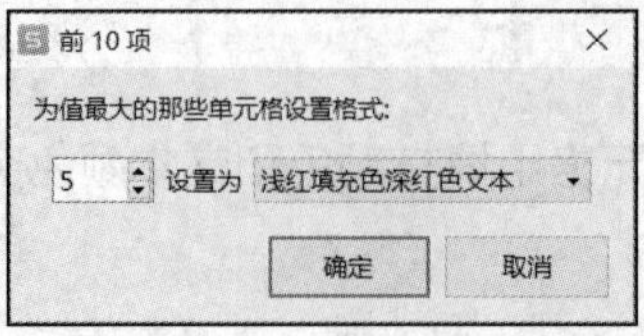

图 2-39 “前 10 项”选取规则设置对话框 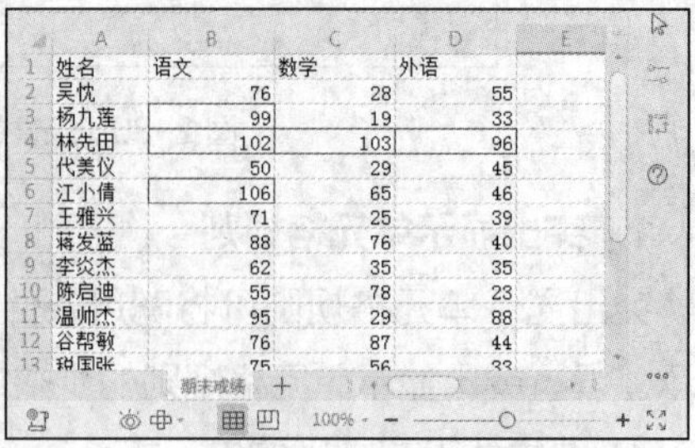　图 2-40 值最大的前 5 项添加的红色边框效果

学习笔记

3. 数据条

数据条可根据数值大小为单元格添加背景填充颜色条，数值越大，填充颜色条越长。设置数据条的步骤如下。

① 选中要设置数据条的单元格。

② 在“开始”工具栏中单击“条件格式”按钮，打开条件格式下拉菜单。在菜单中选择“数据条”命令子菜单中预定义的渐变填充或实心填充样式，选择“其他规则”命令可自定义规则。

图 2-41 展示了数据条效果，其中 B 列为渐变填充，C 列为实心填充。

4. 色阶

色阶可根据数值大小为单元格添加背景填充颜色，数值越接近，颜色越相近。设置色阶的步骤如下。

① 选中要设置色阶的单元格。

② 在“开始”工具栏中单击“条件格式”按钮，打开条件格式下拉菜单。在菜单中选择“色阶”命令子菜单中预定义的色阶样式，选择“其他规则”命令可自定义规则。

图 2-42 展示了色阶效果，其中 B 列和 C 列分别设置了不同的色阶样式。

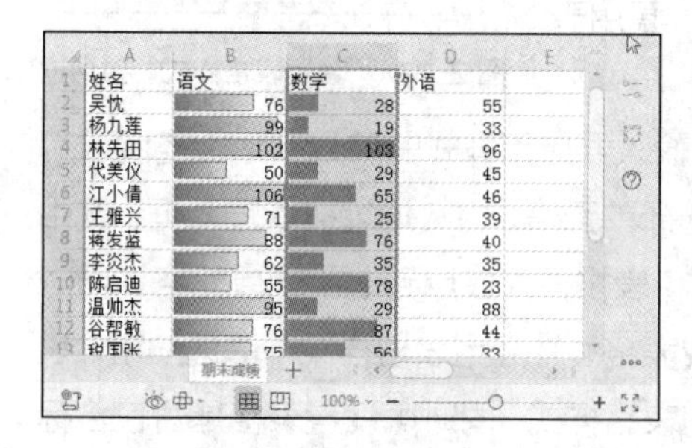

	A	B	C	D	E
1	姓名	语文	数学	外语	
2	吴忧	76	28	55	
3	杨九莲	99	19	33	
4	林先田	102	103	96	
5	代美仪	50	29	45	
6	江小倩	106	65	46	
7	王雅兴	71	25	39	
8	蒋发蓝	88	76	40	
9	李炎杰	62	35	35	
10	陈启迪	55	78	23	
11	温帅杰	95	29	88	
12	谷帮敏	76	87	44	

图 2-41　数据条效果

	A	B	C	D	E
1	姓名	语文	数学	外语	
2	吴忧	76	28	55	
3	杨九莲	99	19	33	
4	林先田	102	103	96	
5	代美仪	50	29	45	
6	江小倩	106	65	46	
7	王雅兴	50	25	39	
8	蒋发蓝	88	76	40	
9	李炎杰	62	35	35	
10	陈启迪	55	78	23	
11	温帅杰	95	29	88	
12	谷帮敏	76	87	44	

图 2-42　色阶效果

5. 图标集

图标集可根据数值大小为单元格添加图标，数值接近的单元格使用相同图标。设置图标集的步骤如下。

① 选中要设置图标集的单元格。

② 在“开始”工具栏中单击“条件格式”按钮，打开条件格式下拉菜单。在菜单中选择“图标集”命令子菜单中预定义的图标集样式，选择“其他规则”命令可自定义规则。

图 2-43 展示了图标集效果，其中 B 列和 C 列分别设置了不同的图标集样式。

学习笔记

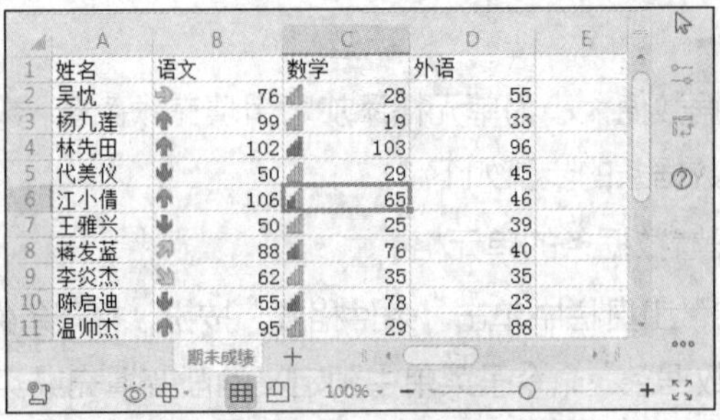

图 2-43　图标集效果

2.4.8　表格样式

表格样式包含标题、数据以及边框等单元格格式设置。WPS 表格提供了多种预定义表格样式，用户也可以自定义表格样式。

为单元格设置表格样式的操作步骤如下。

① 选中要设置表格样式的单元格。

② 在“开始”工具栏中单击“表格样式”按钮，打开表格样式下拉菜单。在菜单中选择预设样式，选择“新建表格样式”命令可自定义表格样式。选择表格样式后，打开“套用表格样式”对话框，如图 2-44 所示。

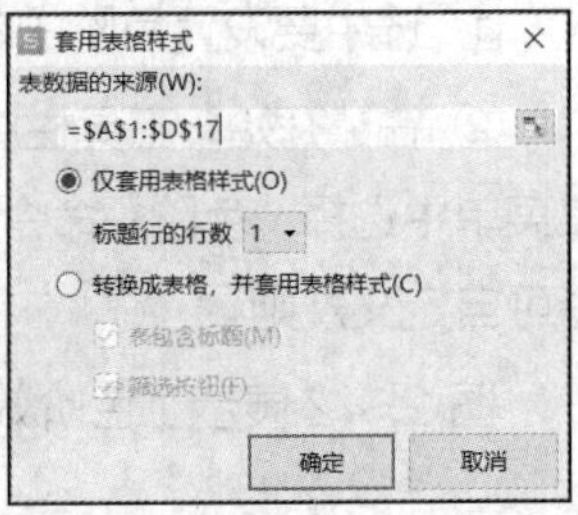

图 2-44　“套用表格样式”对话框

③ 在“表数据的来源”输入框中输入要应用样式的单元格地址范围。可先单击输入框，然后在工作表中拖动选择单元格，将其地址插入输入框。选中“仅套用表格样式”单选按钮，表示只将表格样式应用到选中的单元格，同时可设置标题所占的行数。选中“转换成表格，并套用表格样式”单选按钮，表示将选中的单元格转换为表格，并应用表格样式，同时可设置表格是否包含标题行以及是否显示筛选按钮。

④ 设置完成后，单击“确定”按钮关闭对话框。图 2-45 展示了表格样式效果。

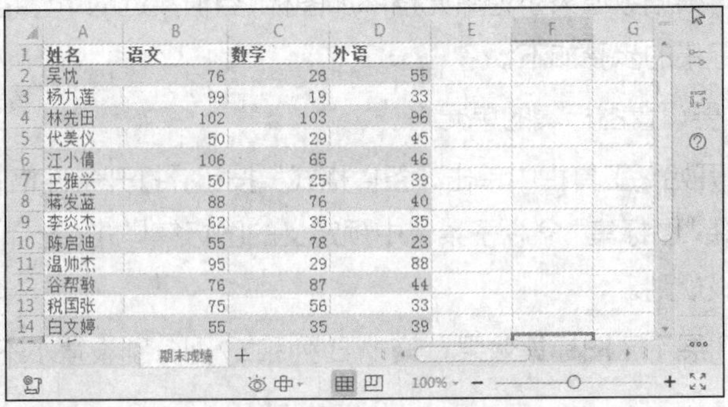

图 2-45　表格样式效果

学习笔记

2.5 数据分析

数据分析功能主要包括数据排序、数据筛选、分类汇总等。

2.5.1 数据排序

数据排序是将数据按升序或降序的顺序进行排列。数值可按其大小进行排列，文本可按字母顺序、拼音顺序或笔画顺序等进行排列。

1. 自动排序

自动排序使用默认规则对数据进行排列。使用自动排序的操作步骤如下。

① 选中要进行排序的数据区域。

② 在“开始”或“数据”工具栏中单击“排序”下拉按钮排序▾，打开排序下拉菜单，在菜单中选择“降序”或“升序”命令。当只选择一列数据，且该列两侧的列有数据时，会打开“排序警告”对话框，如图 2-46 所示。

③ 对话框中的“扩展选定区域”表示扩展已选定的区域，同时选中相邻的数据区域进行排序；“以当前选定区域排序”表示只对当前选定区域中的数据排序。选定是否扩展选定区域后，单击“排序”按钮执行排序操作。

图 2-47 展示了按“语文”成绩降序排列的结果。

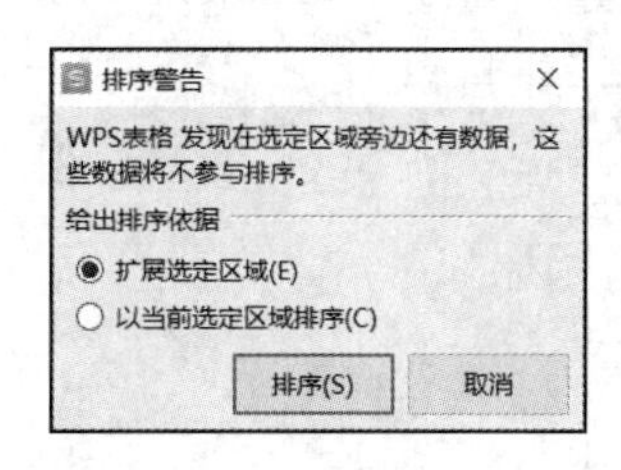

图 2-46 “排序警告”对话框

	A	B	C	D	E	F
1	姓名	语文	数学	外语		
2	江小倩	106	65	46		
3	林先田	102	103	96		
4	杨九莲	99	19	33		
5	温帅杰	95	29	88		
6	蒋发蓝	88	76	40		
7	吴忱	76	28	55		
8	谷帮敏	76	87	44		
9	税国张	75	56	33		
10	刘兵	65	61	34		
11	李炎杰	62	35	35		
12	陈文婷	55	35	39		

期末成绩 + 100%

图 2-47 按“语文”成绩降序排列结果

在自动排序时，如果选定区域无相邻数据，则不会显示“排序警告”对话框。同时选定多个数据列进行排序时，默认对第一列排序，其他列同一行中的数据跟随一起变化位置。

2. 自定义排序

自定义排序可设置更多的排序选项。在“开始”或“数据”工具栏中单击“排序”下拉按钮排序▾，打开排序下拉菜单，在菜单中选择“自定义排序”命令，打开“排序”对话框，如图 2-48 所示。

学习笔记

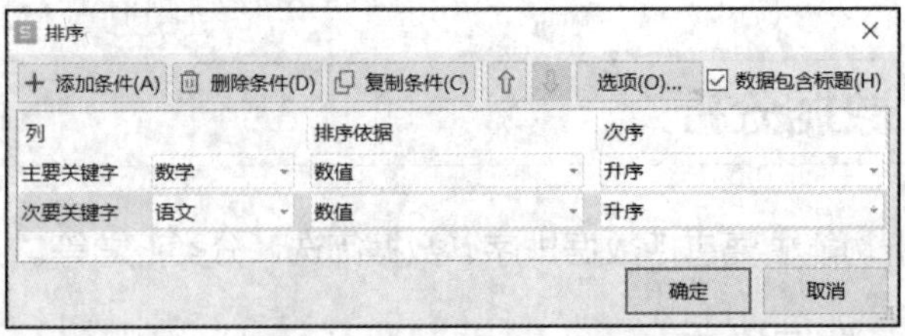

图 2-48 “排序”对话框

在“排序”对话框中可定义多个排序条件，每个排序条件包括用于排序的列（关键字）、排序依据以及次序。

在对话框中选中“数据包含标题”复选框时，选定区域的第一行作为标题行，在排序条件的关键字下拉列表中可选择作为排序关键字的标题名称；未选中“数据包含标题”复选框时，将用列名称作为关键字。

在“排序依据”下拉列表中，可选择按数值、单元格颜色、字体颜色或条件格式图标进行排序。

在“次序”下拉列表中，可选择升序、降序或自定义序列作为排序方式。选择自定义序列时，可打开“自定义序列”对话框，如图 2-49 所示。在对话框中可选择预设的自定义序列，或者输入新序列。

在“排序”对话框中单击“添加条件”按钮，可添加新的排序条件。单击“删除条件”按钮，可删除正在编辑的排序条件。单击“复制条件”按钮，可复制正在编辑的排序条件。单击“上移”按钮⇧或“下移”按钮⇩可调整排序条件的先后顺序。

在“排序”对话框中单击“选项”按钮，可打开“排序选项”对话框，如图 2-50 所示。在对话框中可设置是否区分大小写、排序方向以及排序方式。

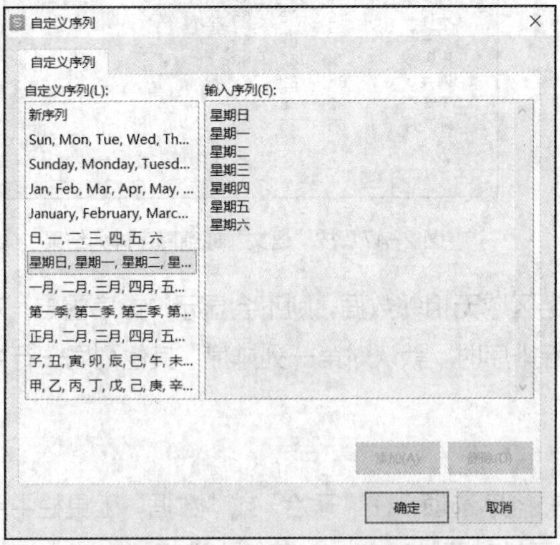

图 2-49 “自定义序列”对话框

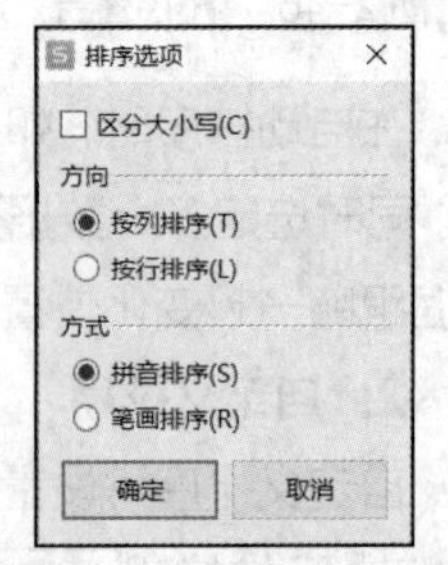

图 2-50 “排序选项”对话框

学习笔记

2.5.2 数据筛选

数据筛选用于在表格中快速找出符合条件的数据，数据区域中会显示符合筛选条件的数据，并隐藏不符合条件的数据。

1. 启动和关闭筛选功能

可用下列方法启动筛选功能。

- 在“数据”工具栏中单击“自动筛选”按钮。
- 在“开始”工具栏中单击“自动筛选”按钮。
- 在“开始”工具栏中单击“筛选”下拉按钮筛选，打开下拉菜单，在菜单中选择“筛选”命令。
- 按【Ctrl + Shift + L】键。

启动筛选功能后，再次执行上述操作可关闭筛选功能。如果未选中筛选区域启动筛选功能，工作表第一行会显示筛选按钮，如果选中区域后启动筛选功能则选中区域的第一行显示筛选按钮。单击筛选按钮可打开筛选选项窗格。图 2-51 展示了启用筛选功能后的表格和筛选选项窗格。

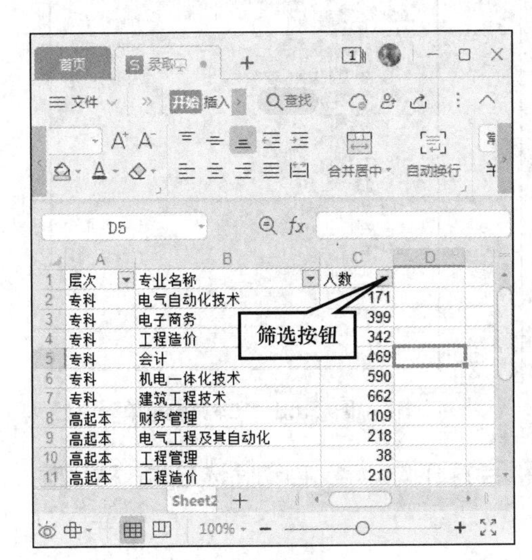

（a）表格

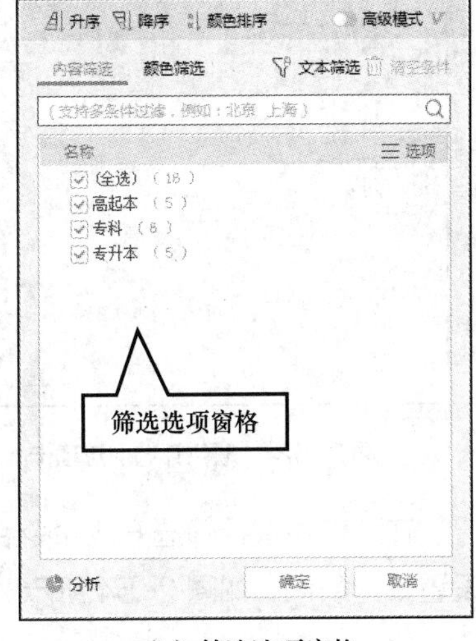

（b）筛选选项窗格

图 2-51 启用筛选功能后的表格和筛选选项窗格

2. 按内容筛选

WPS 表格默认在筛选选项窗格中显示“内容筛选”选项卡，在选项卡的“名称”列表框中列出了数据区域包含的不重复的数据项名称，每个数据项后面的括号中显示了该数据项的重复项数量。选中“(全选)”复选框时，可在工作表中显示全部数据项，否则只显示选中的数据项。

在“名称”列表框上方的查找输入框中输入关键词，WPS 表格可自动在数据项名称列表中筛选出与之匹配的数据项名称。

学习笔记

选中要显示的数据项名称对应的复选框后，单击“确定”按钮关闭筛选选项窗格，应用筛选。单击筛选选项窗格之外的任意位置，或单击“取消”按钮，或按【Esc】键，可关闭筛选选项窗格，不应用筛选设置。

3. 按颜色筛选

若为数据区域中的文本设置了颜色，可使用颜色来执行筛选操作。在筛选选项窗格中，将鼠标指针指向“颜色筛选”按钮，可显示“颜色筛选”选项卡，如图 2-52 所示。单击颜色按钮，可在数据区域中显示对应颜色的数据项，其他颜色的数据项则被隐藏。再次单击同一个颜色按钮，可取消颜色筛选。

4. 文本筛选

当数据区域包含文本数据时，可使用文本筛选功能。文本筛选可按文本比较结果来执行筛选操作。在筛选选项窗格中单击“文本筛选”按钮，可打开文本筛选菜单，如图 2-53 所示。

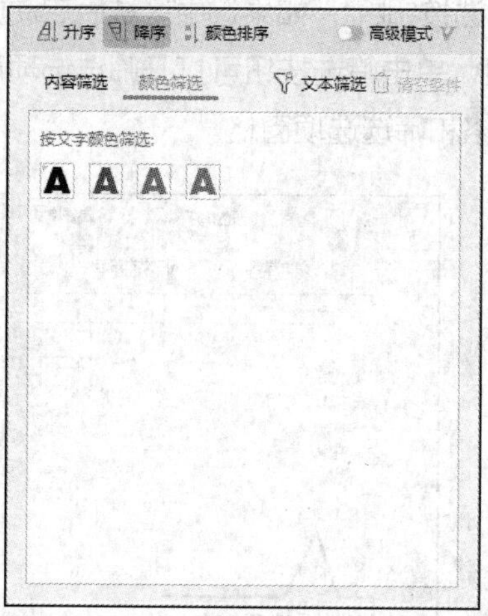

升序 降序 颜色排序 高级模式
内容筛选 颜色筛选 文本筛选 清空条件
按文字颜色筛选:
A A A A

图 2-52 “颜色筛选”选项卡

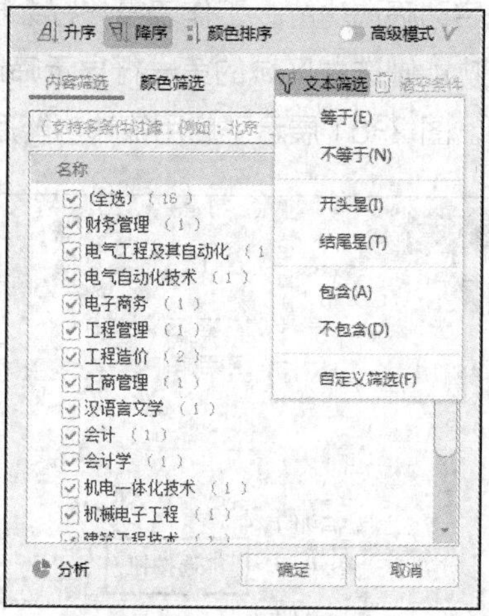

升序 降序 颜色排序 高级模式
内容筛选 颜色筛选 文本筛选 清空条件
(支持多条件过滤，例如：北京
名称
(全选) (16)
财务管理 (1)
电气工程及其自动化 (1
电气自动化技术 (1)
电子商务 (1)
工程管理 (1)
工程造价 (2)
工商管理 (1)
汉语言文学 (1)
会计 (1)
会计学 (1)
机电一体化技术 (1)
机械电子工程 (1)
等于(E)
不等于(N)
开头是(I)
结尾是(T)
包含(A)
不包含(D)
自定义筛选(F)
分析 确定 取消

图 2-53 文本筛选菜单

在菜单中选择筛选方式命令后，会打开“自定义自动筛选方式”对话框，设置筛选条件，如图 2-54 所示。

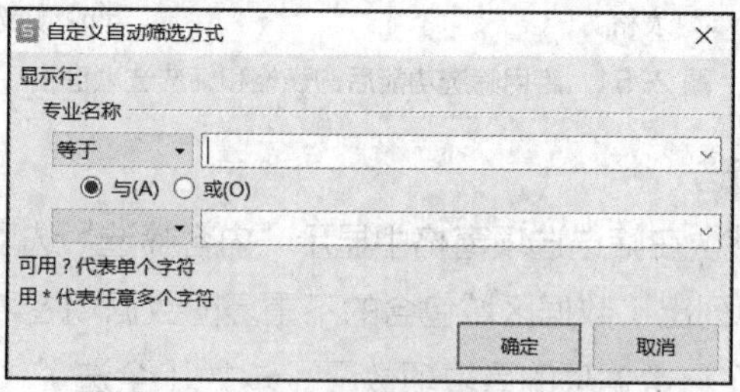

自定义自动筛选方式
显示行:
专业名称
等于
与(A) 或(O)
可用 ? 代表单个字符
用 * 代表任意多个字符
确定 取消

图 2-54 “自定义自动筛选方式”对话框

在“自定义自动筛选方式”对话框的左侧下拉列表中，可选择文本比较方式。在对话框右侧的组合框中可输入具体的值，或者从下拉列表中选择数据区

学习笔记

域包含的数据项。设置完筛选条件后，单击“确定”按钮应用筛选条件。

5. 数字筛选

当数据区域中的数据为数字时，可使用数字筛选功能。数字筛选可按数字比较结果执行筛选操作。在筛选选项窗格中单击“数字筛选”按钮，可打开数字筛选菜单，如图 2-55 所示。在菜单中选择了筛选方式命令后，会打开“自定义自动筛选方式”对话框，设置筛选条件，如图 2-56 所示。

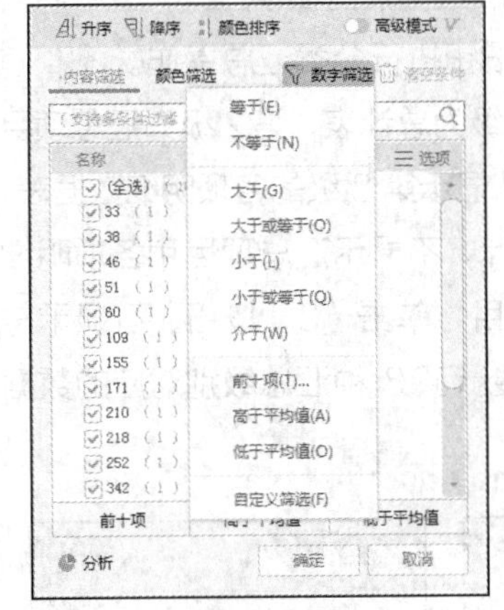

图 2-55　数字筛选菜单

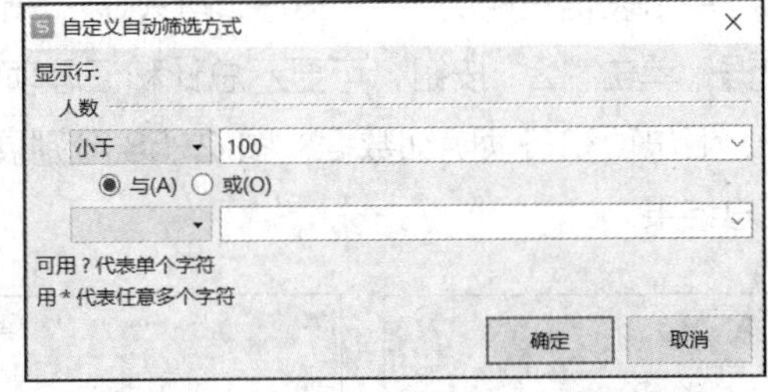

图 2-56　“自定义自动筛选方式”对话框

2.5.3　分类汇总

分类汇总用于计算各类数据的汇总值，如计数、求和、求平均值、求方差等。执行分类汇总的操作步骤如下。

① 对分类字段排序。

② 在“数据”工具栏中单击“分类汇总”按钮，打开“分类汇总”对话框，如图 2-57 所示。

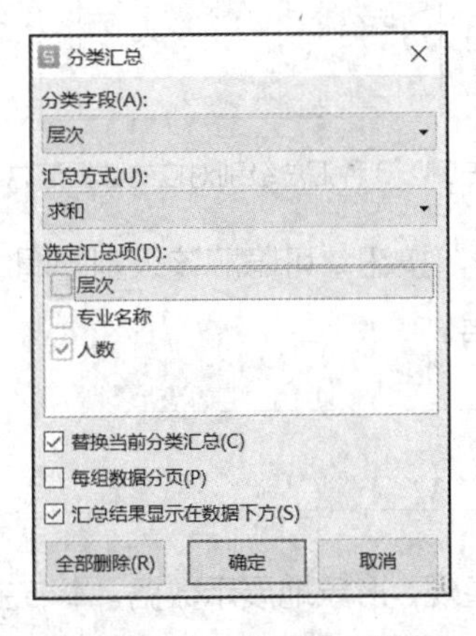

图 2-57　“分类汇总”对话框

学习笔记

③ 设置分类汇总选项。在对话框的“分类字段”下拉列表中选择分类字段；在“汇总方式”下拉列表中选择汇总方式；在“选定汇总项”列表框中选中用于执行汇总计算的字段，可选中多个字段执行汇总。选中“替换当前分类汇总”复选框，可用当前分类汇总替换原有的分类汇总；选中“每组数据分页”复选框，可对分类结果分页，打印时不同组打印在不同的页面中；选中“汇总结果显示在数据下方”复选框时，汇总结果将显示在数据下方，否则将显示在数据上方。单击“全部删除”按钮可删除现有的全部汇总结果。

④ 汇总选项设置完成后，单击“确定”按钮执行分类汇总操作。

汇总级别包括 1、2、3 这 3 个级别，第 1 级为总计表，第 2 级为汇总项目表，第 3 级为各项明细数据表。WPS 表格默认显示第 3 级的各项明细数据表。

单击表格左侧的“1”按钮，可只显示总计，不显示汇总项目和各项明细数据；单击“2”按钮，可显示总计和汇总项目；单击“3”按钮，可显示总计、汇总项和各项明细数据。图 2-58 分别展示了 3 种汇总级别对应的数据汇总结果。

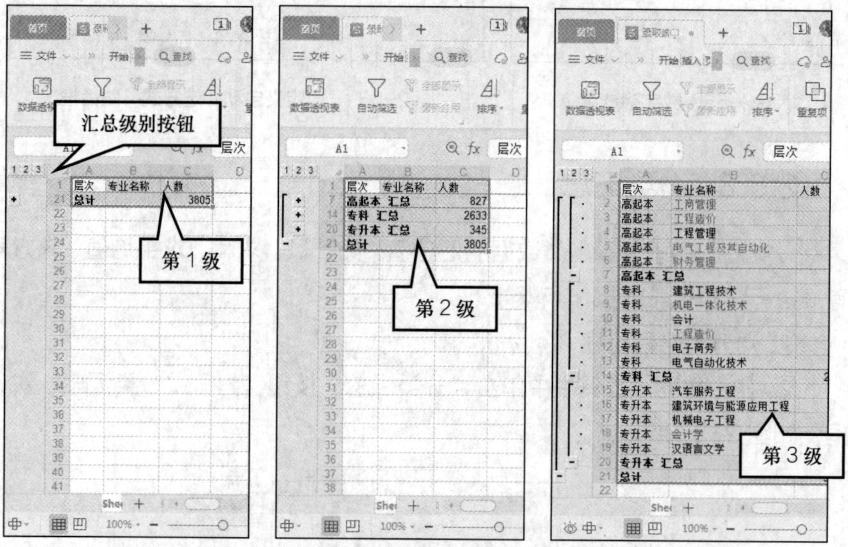

图 2-58　3 种汇总级别对应的数据汇总结果

单击表格左侧的“-”按钮，可隐藏该级别的明细数据，单击“+”按钮可显示该级别的明细数据。

2.6 数据图表

图表可以使用图形直观、形象地展示数据。本节主要介绍图表类型、创建图表、图表的基本组成、编辑图表、数据透视表的设置等内容。

学习笔记

2.6.1 图表类型

WPS 中的图表可分为柱形图、折线图、饼图、条形图、面积图、散点图、股价图、雷达图、组合图等类型。

1. 基本图表

基本图表包括柱形图、折线图、饼图、条形图、面积图、散点图、股价图、雷达图，可根据实际需求进行选择设置。

2. 组合图

组合图指用前面 8 种基本图表组合构成的图表。单击“插入”工具栏中的“全部图表”按钮，打开“插入图表”对话框，选择组合图中的第一个样式，根据要求设置次坐标轴选项，单击“插入预设图表”按钮，如图 2-59 所示。

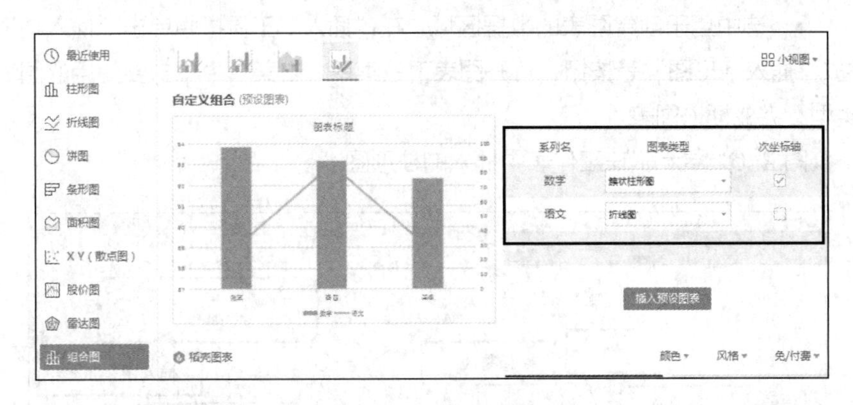

图 2-59 插入组合图

在“图表工具”工具栏中可以对图表的坐标轴选项进行坐标轴边界值设置。单击要进行设置的坐标轴，弹出“坐标轴选项”，单击“坐标轴”可以对坐标轴边界值进行设置。

在“图表工具”工具栏中可以添加图表元素。单击“添加元素”按钮，可以添加数据标签、图表标题等元素，如图 2-60 所示。

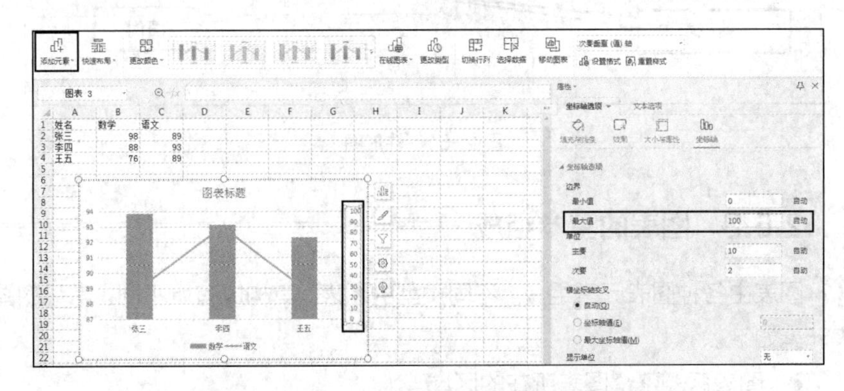

图 2-60 对坐标轴边界进行设置和数据标签的添加

学习笔记

2.6.2 创建图表

准备好用于创建图表的数据表格后，即可开始创建图表。可使用下列方法创建图表。

- 选中用于创建图表的数据区域，按【Alt + F1】键插入柱形图。
- 选中用于创建图表的数据区域，在“插入”工具栏中单击“全部图表”按钮，打开下拉菜单，在菜单中选择“全部图表”命令，打开“图表”对话框。在对话框中单击要使用的图表，完成插入图表。
- 选中用于创建图表的数据区域，在“插入”工具栏中单击“全部图表”按钮，打开下拉菜单，在菜单的“在线图表”命令子菜单中单击要使用的图表，完成插入图表。
- 选中用于创建图表的数据区域，在“插入”工具栏中单击“插入柱形图”“插入条形图”等按钮，打开图表下拉菜单，在菜单中单击要使用的图表类型，完成插入图表。

图 2-61 展示了在工作表中插入的柱形图。

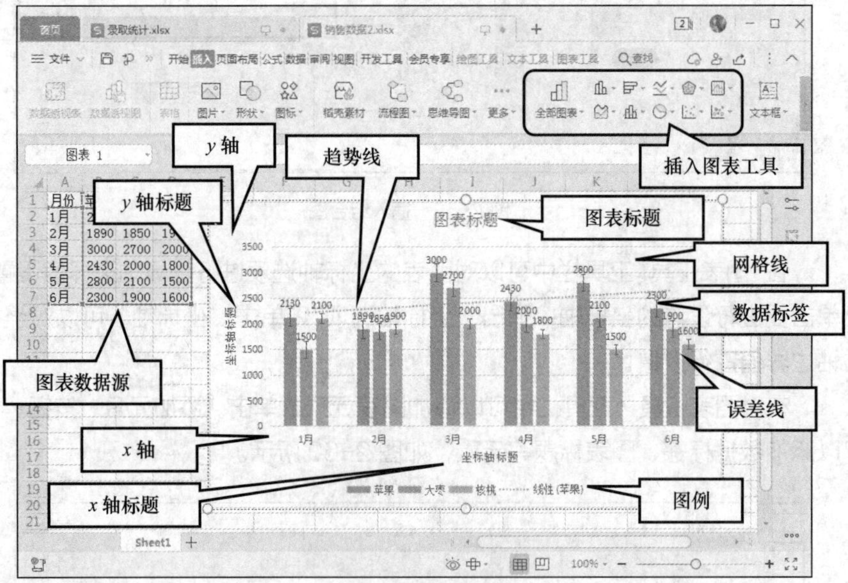

图 2-61　柱形图

2.6.3 图表的基本组成

图表由各种图表元素组成，不同类型的图表，其构成有所不同。常见的图表元素如下。

- 图表区：整个图表所在的区域。
- 绘图区：绘制图形和网格线的区域。

学习笔记

- 数据源：用于绘制图形的数据。
- 坐标轴：包括横坐标轴（x 轴）和纵坐标轴（y 轴）。WPS 允许图表最多包含 4 条坐标轴：主横坐标轴、主纵坐标轴、次横坐标轴和次纵坐标轴。通常，x 轴显示数据系列，数据源中的每一列为一个系列；y 轴显示数值。
- 轴标题：x 轴和 y 轴的名称。x 轴标题默认显示在 x 轴下方，y 轴标题默认显示在 y 轴左侧。
- 图表标题：图表的名称，默认显示在图表顶部居中位置。
- 数据标签：用于在图表中显示源数据的值。
- 数据表：在 x 轴下方显示的数据表格。
- 误差线：用于在图形顶端显示误差范围。
- 网格线：与坐标轴刻度对齐的水平或垂直网格线，用于对比数值大小。
- 图例：用颜色标明图表中的数据系列。
- 趋势线：根据数值变化趋势绘制的预测线。

2.6.4 编辑图表

1. 更改图表类型

WPS 允许更改现有图表的类型，更改图表类型操作与插入图表操作类似。更改图表类型的方法如下。

- 单击图表，在“插入”工具栏中单击“全部图表”按钮，打开下拉菜单，在菜单中选择“全部图表”命令，打开“图表”对话框。在对话框中单击要使用的图表类型，完成更改图表类型。
- 单击图表，在“插入”工具栏中单击“全部图表”按钮，打开下拉菜单，在菜单的“在线图表”命令子菜单中单击要使用的图表类型，完成更改图表类型。
- 单击图表，在“插入”工具栏中单击“插入柱形图”“插图条形图”等按钮，打开图表下拉菜单，在菜单中单击要使用的图表类型，完成更改图表类型。
- 单击图表，在“图表工具”工具栏中单击“更改类型”按钮，打开“更改图表类型”对话框。在对话框中选中要使用的图表类型，单击“插入图表”按钮更改图表类型。

2. 修改数据源

在工作表中修改或删除图表数据源中的数据时，图表可自动更新。

要更改图表的数据源，可通过“更改数据源”对话框修改。单击图表后，在“图表工具”工具栏中单击“选择数据”按钮；或者用鼠标右键单击图表，然后在弹出的快捷菜单中选择“选择数据”命令，可打开“编辑数据源”对话框，如图 2-62 所示。

学习笔记

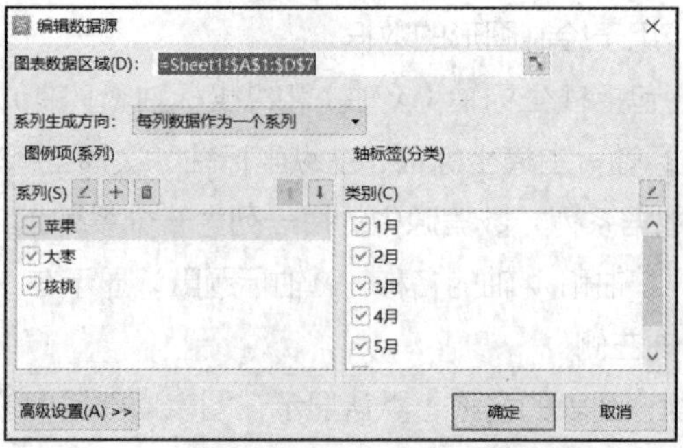

图 2-62 “编辑数据源”对话框

在“编辑数据源”对话框中可进行下列操作。

- 更改图表数据区域：在对话框的“图表数据区域”输入框中，可修改数据区域地址。可单击输入框，然后在表格中拖动选择数据区域，选中的数据区域地址会自动插入输入框。
- 更改系列生成方向：在对话框的“系列生成方向”下拉列表中，可选择将数据源中的行或列作为系列。
- 更改系列：在对话框的“系列”列表框中，被选中的系列会在图表中显示，未选中的则不显示。单击“编辑”按钮，可修改系列；单击“添加”按钮，可添加系列；单击“删除”按钮，可删除选中的系列。
- 更改类别：在对话框的“类别”列表框中，被选中的类别会在图表中显示，未选中的则不显示。
- 高级设置：在对话框中单击“高级设置”按钮，可显示或隐藏高级设置选项。高级设置选项包括空单元格显示格式和是否显示隐藏行列中的数据等。

3. 添加或删除图表元素

为图表添加或删除图表元素的方法如下。

- 在图表中单击图表元素，按【Delete】键可将其删除。
- 用鼠标右键单击图表元素，在弹出的快捷菜单中选择“删除”命令将其删除。
- 单击图表，然后在“图表工具”工具栏中单击“添加元素”按钮，打开“添加元素”下拉菜单，如图 2-63 所示。可在菜单中对应图表元素的子菜单中选择添加或删除图表元素。
- 单击图表，然后在出现的图表快捷工具栏中单击“图表元素”按钮，打开图表元素快捷菜单，如图 2-63 所示。在菜单中选中图表元素复选框，可将其添加到图表中；取消选中复选框，可从图表中删除对应图表元素。

4. 更改图表样式和布局

单击图表后，将鼠标指针指向“图表工具”工具栏中的预设样式列表中的样式，可预览样式效果；在预设样式列表中单击样式，可将其应用到图表。

学习笔记

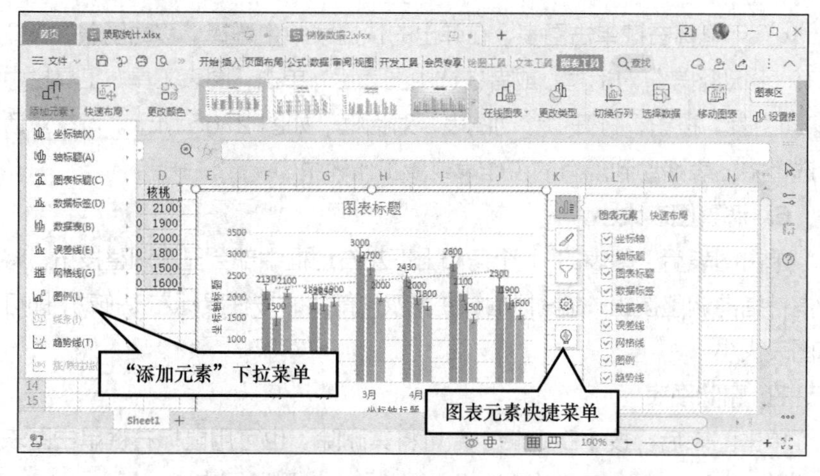

图 2-63 “添加元素”下拉菜单及图表元素快捷菜单

在图表快捷工具栏中单击“图表元素”按钮，打开图表元素快捷菜单。在菜单中单击“快速布局”按钮显示“快速布局”选项卡，单击其中的样式可更改图表布局。

图 2-64 展示了“图表工具”工具栏中的预设样式列表和图表快捷工具栏中的“快速布局”选项卡。

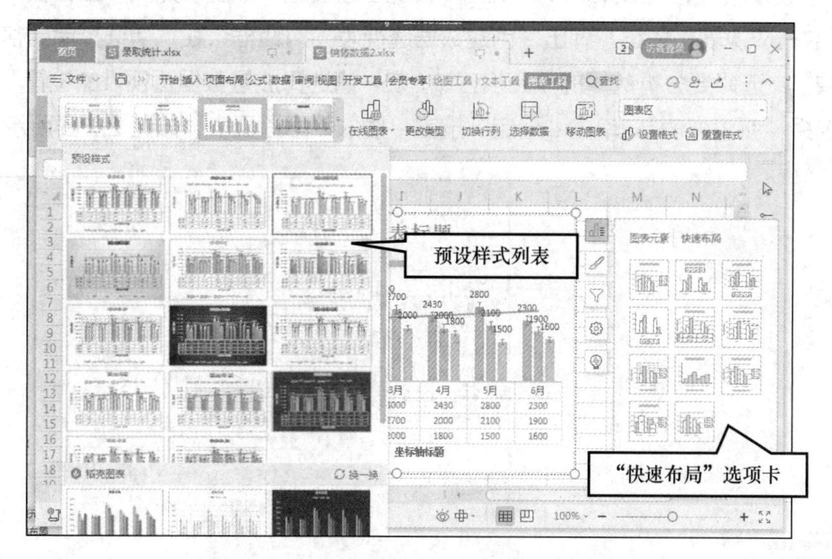

图 2-64 预设样式列表及“快速布局”选项卡

5. 移动图表

可用下列方法移动图表。

- 在图表空白位置按住鼠标左键拖动，可移动图表位置。
- 单击图表，按【Ctrl + X】键剪切图表，然后单击放图表的新位置，再按【Ctrl + V】键粘贴图表。图表的新位置可以在同一个工作表或其他工作表中。

学习笔记

- 用鼠标右键单击图表，在弹出的快捷菜单中选择“移动图表”命令，打开“移动图表”对话框，或者在选中图表后，单击“图表工具”工具栏中的“移动图表”按钮，打开“移动图表”对话框，如图 2-65 所示。可在对话框中选择将图表移动到现有的工作表或新工作表中。

6. 调整图表大小

单击图表后，图表的 4 个角和上下左右边框中部会显示调整按钮，将鼠标指针指向调整按钮，在鼠标指针变为双向箭头时按住鼠标左键拖动，即可调整图表大小。

7. 删除图表

单击图表后，按【Delete】键可将其删除。也可用鼠标右键单击图表空白位置，在弹出的快捷菜单中选择“删除”命令删除图表。

2.6.5 数据透视表的设置

数据透视表是常用的数据分析工具，可以对数据进行数据排序、分类汇总、筛选或计算等。

1. 创建数据透视表

打开“销售统计表”，单击工作表中任意位置，单击“插入”工具栏中的“数据透视表”按钮，弹出“创建数据透视表”对话框，在“请选择单元格区域”中选择要分析数据的单元格区域，在“请选择放置数据透视表的位置”中选择“新工作表”，单击“确定”按钮，插入数据透视表，如图 2-66 所示。

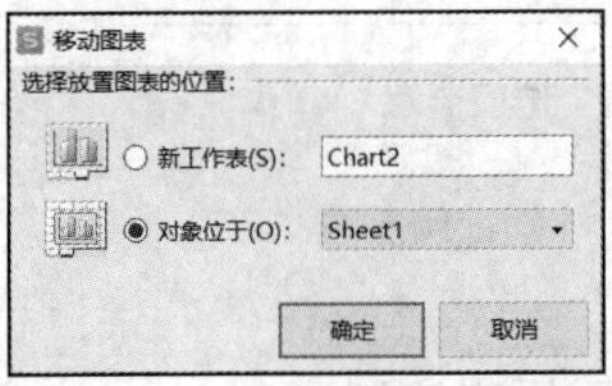

图 2-65 “移动图表”对话框

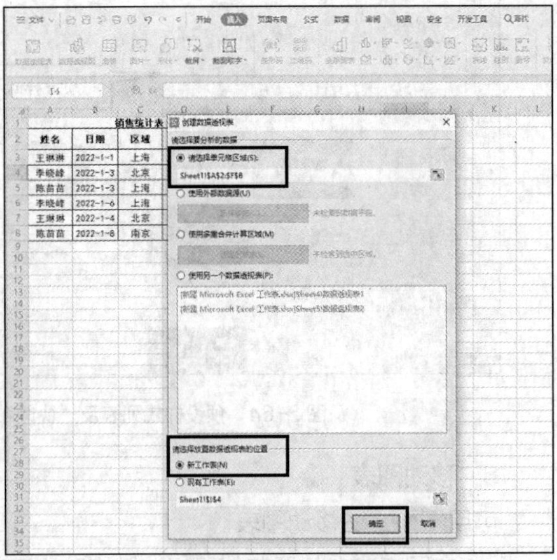

图 2-66 创建数据透视表

按顺序选中所有字段，如图 2-67 所示。

学习笔记

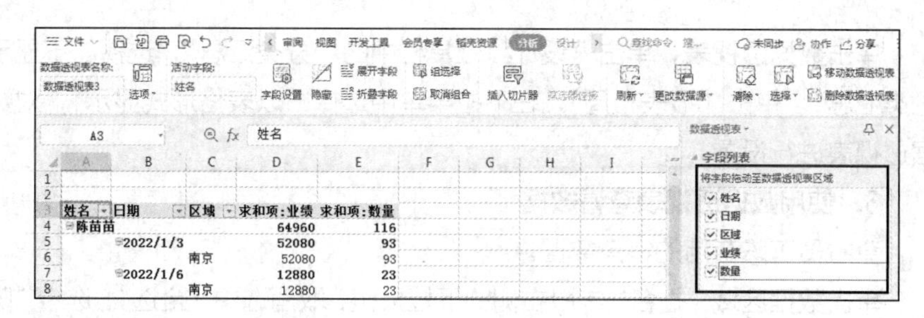

图 2-67　选中数据透视表字段

2. 编辑数据透视表

将日期按照季度组合，设置数据透视表。用鼠标右键单击 B3 单元格，在弹出的快捷菜单中选择“组合”命令，如图 2-68 所示。打开“组合”对话框，在其中的“步长”列表框中选择“季度”，单击“确定”按钮，如图 2-69 所示。

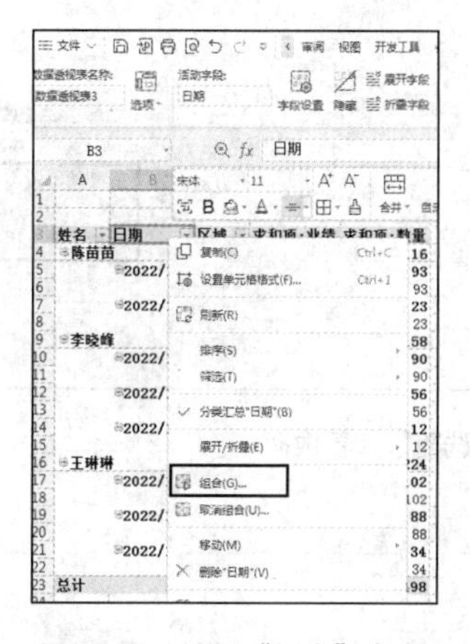

图 2-68　选择“组合”命令

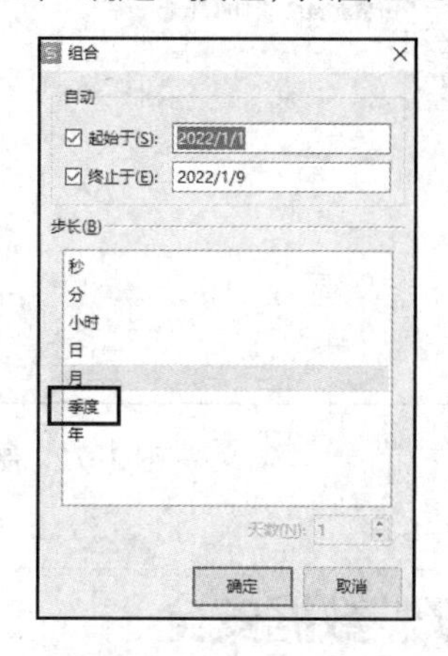

图 2-69　组合设置

设置值字段。将“业绩”字段从“行”拖到“值”位置，单击“计数项：业绩”右侧的下拉按钮，选择“值字段设置”，如图 2-70 所示。将“值字段设置”对话框中的计算类型改为“求和”，单击“确定”按钮，完成设置，如图 2-71 所示。

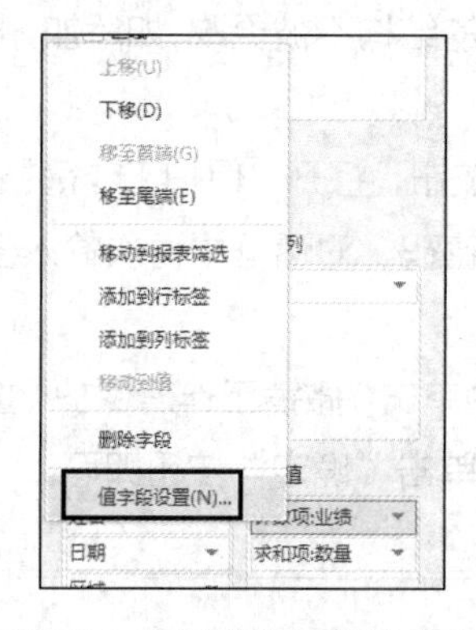

图 2-70　选择“值字段设置”命令

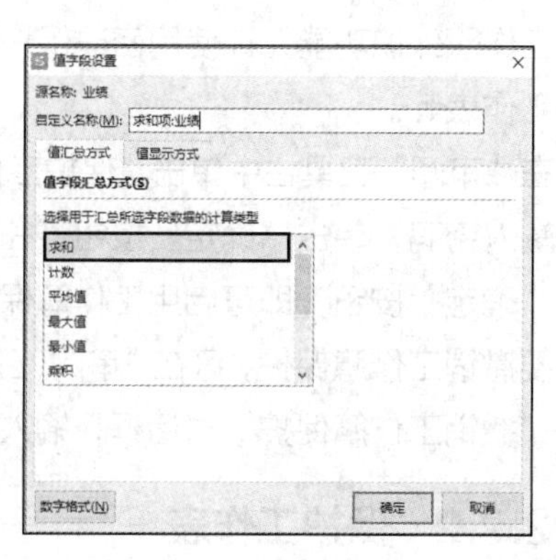

图 2-71　值字段设置

单击数据透视表，单击“设计”工具栏中的“分类汇总”，选择“不显示分类汇总”。单击“报表布局”，在下拉菜单中选择“以表格形式显示”，对数据透视表进行设置。

3. 使用数据透视表查看数据

查看员工陈苗苗的销售数据。

单击数据区域“姓名”字段右侧的下拉按钮，取消选中“全选”，选中“陈苗苗”，单击“确定”按钮。

通过筛选器完成数据查找。将数据透视表区域的“姓名”和“区域”字段从“行”位置拖动到“筛选器”中，完成筛选，如图 2-72 所示。

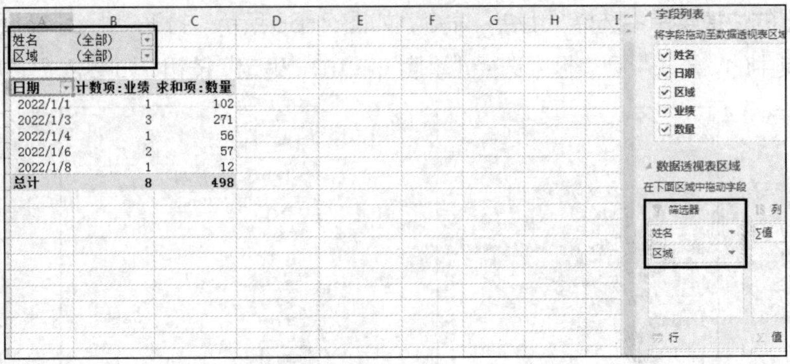

图 2-72　使用“筛选器”查看数据

2.7 数据安全

WPS 通过保护工作簿、保护工作表以及进行文档加密等措施来保护数据安全。

2.7.1 保护工作簿

工作簿保护功能允许使用密码保护工作簿的结构不被更改，如添加、删除、移动工作表等。

在“审阅”工具栏中单击“保护工作簿”按钮，打开“保护工作簿”对话框，输入密码，单击“确定”按钮，在“确认密码”对话框中再次输入密码，单击“确定”按钮，即可启用工作簿保护功能。

要撤销工作簿保护，可在“审阅”工具栏中单击“撤销工作簿保护”按钮，打开“撤销工作簿保护”对话框，输入密码，单击“确定”按钮即可。

2.7.2 保护工作表

工作表保护功能可以保护锁定的单元格，防止工作表中的数据被更改。默

学习笔记

认情况下，工作表中的单元格都被锁定，但只有在启用了工作表保护后锁定才能生效。未锁定的单元格，在启用工作表保护后，仍可以编辑其数据。

在“审阅”工具栏中单击“保护工作表”按钮，打开“保护工作表”对话框，如图 2-73 所示。在对话框的“密码”输入框中可输入密码，也可不设置密码。在操作列表框中，可选中允许用户执行的操作，未选中的操作用户不能执行。最后，单击“确定”按钮启用工作表保护功能。

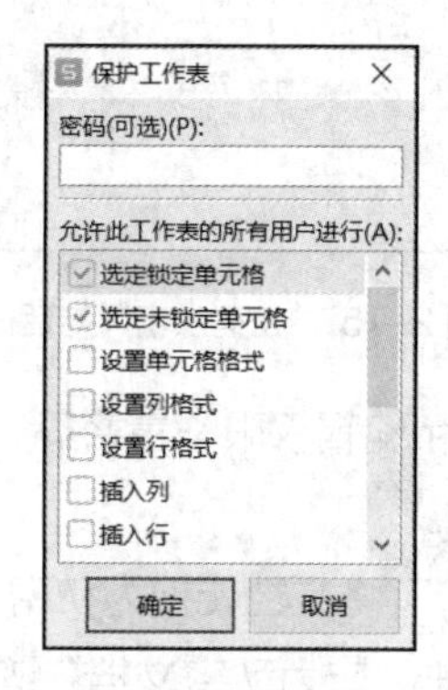

图 2-73 “保护工作表”对话框

要撤销工作表保护，可在“审阅”工具栏中单击“撤销工作表保护”按钮，打开“撤销工作表保护”对话框，输入密码，单击“确定”按钮即可。

2.7.3 文档加密

文档加密功能可以为文档指定访问账号，非指定账号不能访问文档。同时，可为文档指定打开权限密码和编辑权限密码。

要加密文档，需要在保存或另存文档时，在“另存文件”对话框中将“文件类型”设置为“WPS 加密文档格式”，如图 2-74 所示。

图 2-74 将“文件类型”设置为“WPS 加密文档格式”

在“另存文件”对话框中单击“加密”链接，可打开“密码加密”对话框，

学习笔记

如图 2-75 所示。

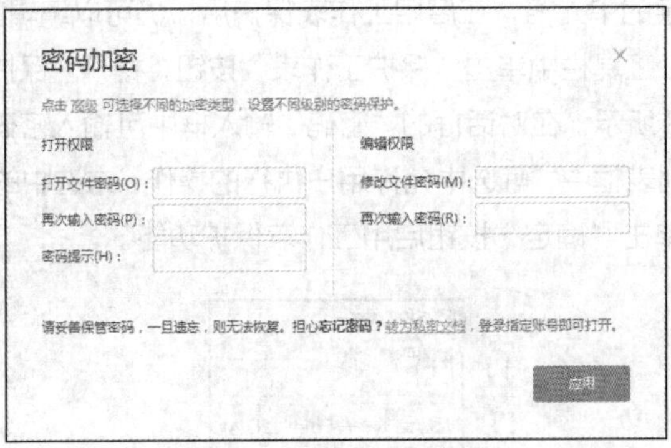

图 2-75 “密码加密”对话框

在对话框中为打开权限和编辑权限设置密码，单击“应用”按钮，即可启用文档加密功能。

在注册为 WPS 会员后，可将文档转换为私密文档，为文档指定访问账号。在“密码加密”对话框中单击“转为私密文档”链接，可打开“文档权限”对话框；也可在“审阅”工具栏中单击“文档权限”按钮来打开“文档权限”对话框。图 2-76 中，左侧对话框展示了文档启用了私密文档保护功能，单击按钮可取消私密文档保护功能；右侧对话框展示了未启用私密文档保护功能，单击按钮可启用私密文档保护功能。在对话框中单击“添加指定人”按钮，可添加访问文档的账号。

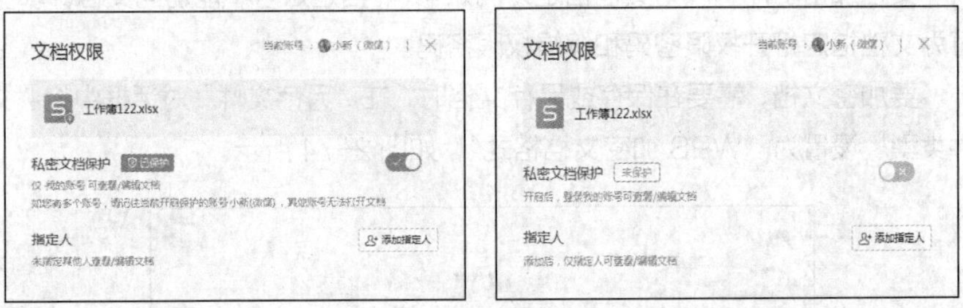

图 2-76 启用、取消私密文档保护和指定文档访问账号

2.8 打印工作表

2.8.1 设置打印区域

默认情况下，WPS 会打印工作表中的打印区域，在未设置打印区域时默认打印工作表的全部内容。

设置打印区域的方法如下。

学习笔记

● 选中要打印的表格区域，在“页面布局”工具栏中单击“打印区域”按钮。

● 选中要打印的表格区域，在“页面布局”工具栏中单击“打印区域”下拉按钮打印区域，然后在下拉菜单中选择“设置打印区域”命令。

在工作表中，打印区域的边框显示为虚线。若要取消打印区域，可在“页面布局”工具栏中单击“打印区域”下拉按钮打印区域，然后在下拉菜单中选择“取消打印区域”命令。

2.8.2 设置打印标题

打印标题指打印在每个页面顶部或者左侧的数据。打印在页面顶端的数据称为标题行，可以是单行或多行数据。打印在页面左侧的数据称为标题列，可以是单列或多列数据。

设置打印标题的方法为：在“页面布局”工具栏中单击“打印标题”按钮，打开“页面设置”对话框的“工作表”选项卡，如图 2-77 所示。在“顶端标题行”输入框中，可输入标题行的地址，如单行地址“$1:$1”、多行地址“$1:$2”等。在“左端标题列”输入框中，可输入标题列的地址，如单列地址“$A:$A”、多列地址“$A:$B”等。也可以先单击输入框，然后在表格中单击单元格或拖动选择标题行或标题列。

图 2-77 “工作表”选项卡

2.8.3 设置页眉和页脚

通常，可在页眉和页脚中设置表格名称、页码等附加信息。设置页眉和页脚的方法为：在“页面布局”工具栏中单击“页眉页脚”按钮，打开“页面设置”对话框的“页眉/页脚”选项卡，如图 2-78 所示。

学习笔记

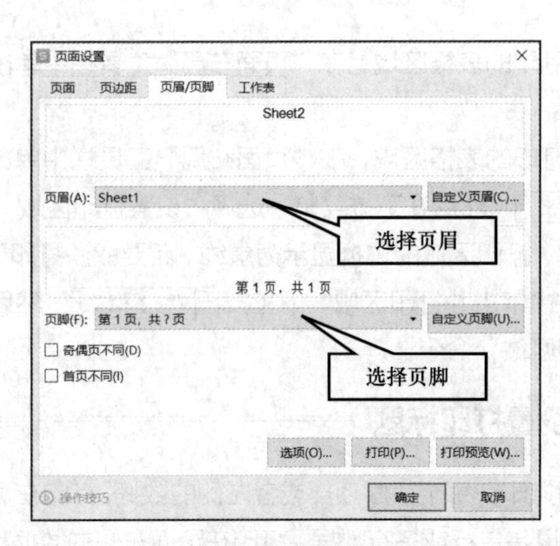

图 2-78 “页眉/页脚”选项卡

在“页眉”下拉列表中可选择预定义的页眉，也可单击“自定义页眉”按钮打开对话框自定义页眉内容。在“页脚”下拉列表中可选择预定义的页脚，也可单击“自定义页脚”按钮打开对话框自定义页脚内容。

选中“奇偶页不同”复选框时，可分别为奇数页码和偶数页码页面定义不同的页眉和页脚。选中“首页不同”复选框时，首页不打印页眉和页脚。

2.8.4 预览和打印

在“页面布局”工具栏中单击“打印预览”按钮，可切换到打印预览视图，如图 2-79 所示。打印预览视图显示页面的实际打印效果。在打印预览视图中，可进一步设置纸张大小、打印方向、页边距、页眉页脚等。默认情况下，按打印区域的实际尺寸进行打印，即无打印缩放。在“打印缩放”下拉列表中，可选择将整个工作表、所有列或者所有行打印在一页。在工具栏中单击“直接打印”按钮，可执行打印操作。

图 2-79 打印预览视图

学习笔记

2.9 习题

一、单项选择题

1. 下列函数是单条件计数函数的是（　　）。

A. COUNTIF　　B. COUNTIFS

C. DATEDIF　　D. SUMIFS

2. 在 WPS 表格中，行和列（　　）。

A. 都可以被隐藏　　B. 都不可以被隐藏

C. 只能隐藏行,不能隐藏列　　D. 只能隐藏列,不能隐藏行

3. 在 WPS 表格中，要使某单元格内输入的数据范围为 18～60，而一旦超出范围就出现错误提示，可使用（　　）。

A. “数据”工具栏中的“有效性”命令

B. “数据”工具栏中的“筛选”命令

C. “开始”工具栏中的“条件格式”命令

D. “开始”工具栏中的“样式”命令

4. 在 WPS 表格中，使用升序、降序按钮做排序操作时，活动单元格应选定为（　　）。

A. 工作表的任何地方　　B. 数据清单中的任何地方

C. 排序依据数据列的任一单元格　　D. 数据清单标题行的任一单元格

5. 在 WPS 表格的 A2 单元格中输入数值 10，B2 单元格中输入公式“=IF(A2>20，" A " ,IF(A2>8，" B " , " C "　))”,则在 B2 单元格中显示的是(　　)。

A. 10　　B. A　　C. B　　D. C

6. 在 WPS 表格中，对数据清单进行多重排序，则（　　）。

A. 主要关键字和次要关键字都必须升序

B. 主要关键字和次要关键字都必须降序

C. 主要关键字和次要关键字都必须同为升序或降序

D. 主要关键字和次要关键字可以独立选定升序或降序

7. WPS 表格中的数据筛选是从数据清单中选取满足条件的记录，不满足条件的数据将被（　　）。

A. 排在后面　　B. 清除格式　　C. 删除　　D. 自动隐藏

8. 下列单元格中为绝对引用的是（　　）。

A. = AI　　B. = $A$1　　C. = A$1　　D. = $AI

9. 下列函数为单条件求和的是（　　）。

A. IF 函数　　B. SUMIF 函数

C. SUMIFS 函数　　D. COUNTIF 函数

学习笔记

10. 小明于 2019 年 10 月 1 日出生，假设今天是 2021 年 3 月 1 日，计算小明的年龄，下列函数使用正确的是（　　）。

A. = DATEDIF (" 2019-10-1 " , " 2021-3-1 " , " y ")

B. = DATEDIF (" 2021-3-1 " , " 2019-10-1 " ," m ")

C. = DATEDIF (" 2019-10-1 " , 2021-3-1 " ," m ")

D. = DATEDIF (2021-3-1 " , " 2019-10-1 " , " y ")

二、多项选择题

1. 关于 ROUND 函数，下列说法正确的是（　　）。

A. 四舍五入函数

B. 返回指定位数取整后的数值

C. 第一个参数是数值

D. 第二个参数是小数位数

2. 关于数据透视表，下列说法正确的是（　　）。

A. 可以直接对数据进行数据排序

B. 可以直接对数据进行数据分类汇总

C. 可以直接对数据进行数据筛选或计算

D. 是常用的数据分析工具

3. WPS 表格内置了多种图表类型，包括（　　）。

A. 柱形图、折线图

B. 饼图、条形图

C. 面积图、散点图

D. 股价图、雷达图

4. 关于锁定单元格，下列说法正确的是（　　）。

A. 在“单元格格式”对话框中的“保护”选项卡中选中“锁定”

B. 单击“修改”按钮

C. 只有保护工作表后，锁定单元格或隐藏公式才生效

D. 不需要保护工作表，锁定单元格或隐藏公式就能生效

5. 下列说法正确的是（　　）。

A. WPS 表格的审阅功能可以保护工作表和工作簿不被更改

B. 可以设置允许修改部分单元格

C. WPS 表格具有隐藏工作表功能

D. WPS 表格具有隐藏单元格公式、行、列的功能

三、填空题

1. WPS 表格的排序功能，设置了（　　）、（　　）、（　　）3 种排序方式。

2. 查找的快捷键是（　　）。

3. 函数IF(C2> =50000,1,0),如果C2=50000,返回的结果是(　　)。

学习笔记

4. 批量数据的更改可以使用（　　）功能。

5. 高亮显示重复项可以使用（　　）功能。

6. 混合引用的两种情况:（　　）变（　　）不变和（　　）变（　　）不变，可按（　　）键进行切换。

7. 函数公式里的引号需要在（　　）状态输入。

8. 依次写出SUMIF函数的3个参数:（　　）、（　　）、（　　）。

9. 依次写出COUNTIF函数的2个参数:（　　）、（　　）。

四、简答题

1. 请问复制工作表的方法有哪些?

2. 请问在合并单元格时，“合并单元格”和“合并内容”两种方式有何区别?

3. 请简述分类汇总的基本步骤。

4. 请问怎样删除图表元素?

5. 请问可用哪些方法保护WPS表格中的数据?

第3章 演示文稿制作

学习笔记

WPS 演示是 WPS 办公软件的一个主要组件，用于制作多媒体演示文档。本章主要介绍演示文档基本操作、幻灯片操作、编辑幻灯片、演示文档的放映以及演示文档打包等内容。

3.1 演示文档基本操作

3.1.1 新建演示文档

新建演示文档的操作步骤如下。

① 在系统“开始”菜单中选择“WPS Office\WPS Office”命令启动 WPS。

② 在 WPS 首页中，单击左侧导航栏中的“新建”按钮，或单击标题栏中的“+”按钮，或按【Ctrl + N】键，打开“新建”选项卡。

③ 单击工具栏中的“演示”按钮，显示 WPS 演示推荐模板列表，如图 3-1 所示。

图 3-1 WPS 演示推荐模板列表

④ 单击模板列表中的“新建空白文档”按钮，创建一个空白演示文档。

学习笔记

其他创建 WPS 空白演示文档的方法如下。

- 在系统桌面或文件夹中，用鼠标右键单击空白位置，然后在弹出的快捷菜单中选择“新建\PPT 演示文稿”或“新建\PPTX 演示文稿”命令。
- 在已打开的 WPS 演示文档窗口中按【Ctrl + N】键。

3.1.2 演示文档的窗口组成

图 3-2 展示了演示文档的普通视图窗口。WPS 演示文档窗口主要由菜单栏、快速访问工具栏、工具栏、大纲/幻灯片窗格、编辑区、状态栏等组成。

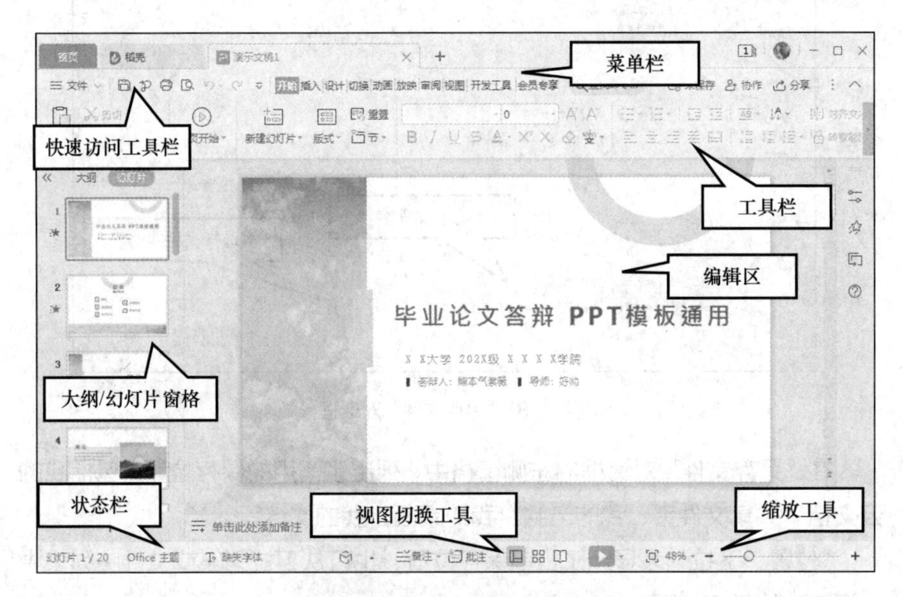

图 3-2 演示文档的普通视图窗口

- 菜单栏：单击菜单栏中的按钮可显示对应的工具栏。
- 快速访问工具栏：包含保存、输出为 PDF、打印、打印预览、撤销、恢复等常用按钮。单击其中的“自定义快速访问工具栏”按钮，打开下拉菜单，在菜单中可选择在快速访问工具栏中显示的按钮；或者在菜单中选择“其他命令”命令打开对话框为快速访问工具栏添加按钮。
- 工具栏：提供操作按钮，单击按钮执行相应的操作。
- 大纲/幻灯片窗格：大纲窗格用于在普通视图时显示幻灯片大纲。幻灯片窗格用于在普通视图时显示所有幻灯片，单击可切换编辑区显示的幻灯片。
- 编辑区：显示和编辑当前幻灯片。
- 状态栏：显示演示文档信息，还包含视图切换工具和缩放工具。

3.1.3 保存演示文档

单击快速访问工具栏中的“保存”按钮，或在“文件”菜单中选择“保

学习笔记

存”命令，或按【Ctrl + S】键，可保存当前正在编辑的演示文档。

在“文件”菜单中选择“另存为”命令，将正在编辑的文档保存为指定名称的新文档。保存新建文档或执行“另存为”命令时，会打开“另存文件”对话框，如图 3-3 所示。

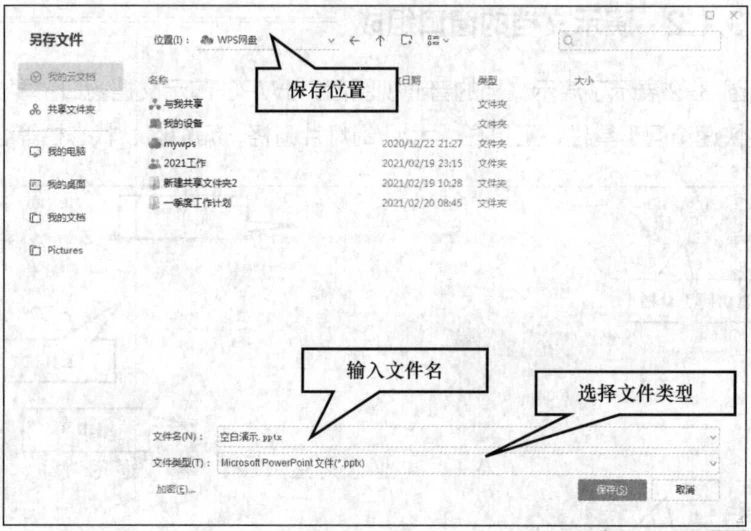

图 3-3 “另存文件”对话框

在“另存文件”对话框的左侧窗格中，列出了常用的保存位置，包括我的云文档、共享文件夹、我的电脑、我的桌面、我的文档等。

“位置”下拉列表显示了当前保存位置，也可从下拉列表或文件夹列表中选择其他的保存位置。

在“文件名”输入框中输入文档名称，在“文件类型”下拉列表中可选择文件类型。WPS 演示文档的默认保存文件类型为“Microsoft PowerPoint 文件”，文件扩展名为.pptx，这是为了与微软的 PowerPoint 兼容。还可将文档保存为 WPS 演示文件、WPS 演示模板文件、WPS 加密文档格式、PDF 文件格式等 10 余种文件类型。完成设置后，单击“保存”按钮完成保存操作。

3.2 幻灯片操作

3.2.1 切换视图

WPS 演示视图有 4 种：普通视图、幻灯片浏览视图、备注页视图和阅读视图。

1. 普通视图

普通视图用于查看和编辑幻灯片，如图 3-2 所示。在“视图”工具栏或

学习笔记

状态栏中单击“普通”按钮，可切换到普通视图。

在普通视图的大纲/幻灯片窗格中，可用下列方法选择幻灯片。

- 选择单张幻灯片：单击单张幻灯片。
- 选择连续多张幻灯片：首先单击第 1 张幻灯片，按住【Shift】键，再单击要选择的最后一张幻灯片，可选中这两张幻灯片以及它们之间的全部幻灯片。
- 选择不连续多张幻灯片：按住【Ctrl】键依次单击，可选择不连续的多张幻灯片。
- 选择全部幻灯片：先单击幻灯片窗格任意位置，再按【Ctrl + A】键，可选中全部幻灯片。

在状态栏中拖动缩放工具中的滑块或者在显示比例菜单中选择“缩放”命令，可调整编辑区中的幻灯片显示比例。将鼠标指针指向编辑区中的幻灯片，滚动鼠标滚轮，可滚动窗口、切换幻灯片；按住【Ctrl】键滚动鼠标滚轮，可缩放幻灯片。

2. 幻灯片浏览视图

幻灯片浏览视图用于快速浏览幻灯片，如图 3-4 所示。在“视图”工具栏或状态栏中单击“幻灯片浏览”按钮，可切换到幻灯片浏览视图。

图 3-4　幻灯片浏览视图

在幻灯片浏览视图中，当前幻灯片显示为红色边框，按【↓】键、【↑】键、【→】键、【←】键、【Page Down】键、【Page Up】键等可切换当前幻灯片。单击幻灯片也可将其设置为当前幻灯片。按【Enter】键可切换到普通视图，当前幻灯片将在编辑区显示。双击幻灯片，可使其成为当前幻灯片并切换到普通视图。

学习笔记

在幻灯片浏览视图中选择连续多张幻灯片、不连续多张幻灯片或者选择全部幻灯片的方法，与在普通视图的幻灯片窗格中的选择方法相同。

3. 备注页视图

备注页视图主要用于编辑幻灯片备注信息。放映幻灯片时，备注信息可用于提示演讲人。在“视图”工具栏中单击“备注页”按钮，可切换到备注页视图，如图 3-5 所示。

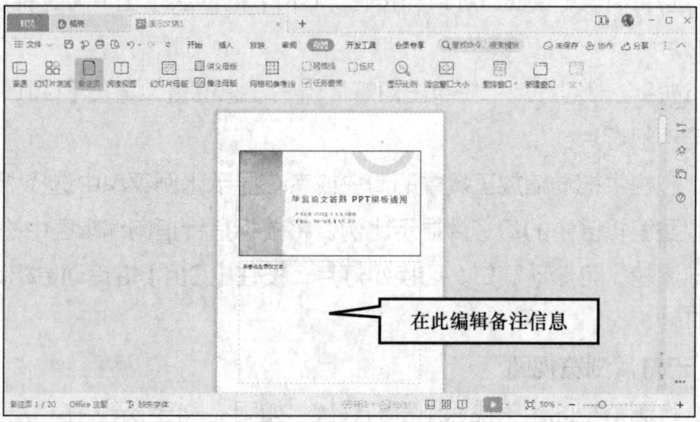

图 3-5 备注页视图

在备注页视图中，编辑区上方显示幻灯片，下方显示备注信息编辑框。

4. 阅读视图

在“视图”工具栏或状态栏中单击“阅读视图”按钮，可切换到阅读视图，如图 3-6 所示。

图 3-6 阅读视图

阅读视图是在当前窗口中以最大化方式播放幻灯片，用以查看幻灯片实际效果，与放映类似。

在阅读视图中，按【↑】键、【←】键、【Page Up】键或向上滚动鼠标滚轮，可切换到上一张幻灯片；按【↓】键、【→】键、【Page Down】键、【Space】键、【Enter】键，或向下滚动鼠标滚轮，或单击，可切换到下一张幻灯片；按【Esc】键可退出阅读视图，返回之前的视图。

学习笔记

3.2.2 新建幻灯片

新建的空白演示文档通常只有一个封面页。可使用下列方法添加新的幻灯片。

- 在“开始”或“插入”工具栏中单击“新建幻灯片”按钮，可在当前幻灯片之后添加一张新幻灯片。
- 将鼠标指针指向幻灯片窗格中的幻灯片，单击幻灯片下方出现的“新建幻灯片”按钮，可在其后添加一张新幻灯片。
- 在幻灯片窗格中单击两张幻灯片之间的空白位置，然后在“开始”工具栏中单击“新建幻灯片”按钮，可在该位置添加一张新幻灯片。
- 在幻灯片窗格中，用鼠标右键单击两张幻灯片之间的空白位置，然后在弹出的快捷菜单中选择“新建幻灯片”命令，可在该位置添加一张新幻灯片。
- 用新建幻灯片窗格添加幻灯片。单击幻灯片窗格最下方的“新建幻灯片”按钮 + ，或在“开始”或“插入”工具栏中单击“新建幻灯片”下拉按钮 新建幻灯片 ，可打开新建幻灯片窗格，如图 3-7 所示。在窗格中可选择各种版式的幻灯片模板，单击模板，即可在当前幻灯片之后或者指定位置添加一张新幻灯片。

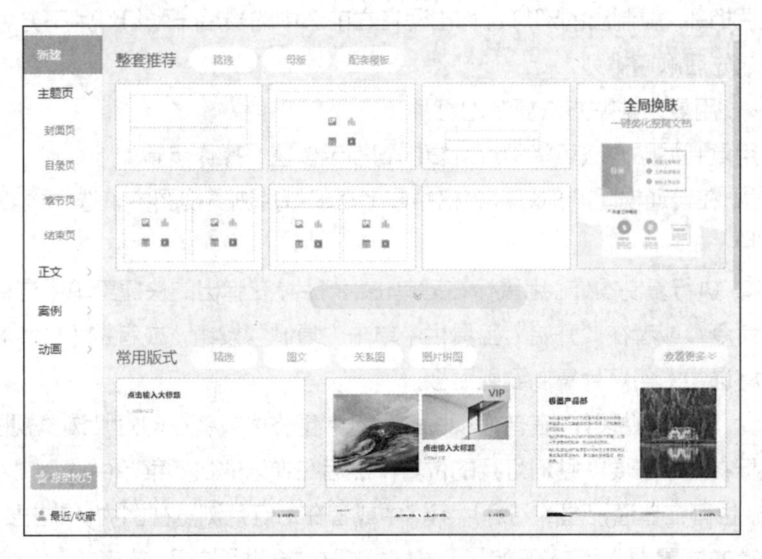

图 3-7 新建幻灯片窗格

- 在幻灯片窗格中单击两张幻灯片之间的空白位置，然后按【Enter】键，可在该位置添加一张新幻灯片。

学习笔记

3.2.3 删除幻灯片

可用下面的方法删除幻灯片。

● 在普通视图中，先在幻灯片窗格中选中幻灯片，再按【Delete】键或【Backspace】键将其删除；或者用鼠标右键单击任意一张幻灯片，然后在弹出的快捷菜单中选择"删除幻灯片"命令删除当前选中的幻灯片。

● 在幻灯片浏览视图中，先选中幻灯片，再按【Delete】键或【Backspace】键将其删除；或者用鼠标右键单击幻灯片，然后在弹出的快捷菜单中选择"删除幻灯片"命令删除选中的幻灯片。

3.2.4 复制和移动幻灯片

1. 复制幻灯片

可使用多种方法复制幻灯片。

● 快速复制单张幻灯片。

在普通视图的幻灯片窗格中，用鼠标右键单击要复制的幻灯片，然后在弹出的快捷菜单中选择"复制幻灯片"命令。用该方法复制出的幻灯片在原幻灯片下方。

● 快速复制多张幻灯片。

在普通视图的幻灯片窗格中，先选中要复制的幻灯片，再用鼠标右键单击幻灯片，然后在弹出的快捷菜单中选择"复制幻灯片"命令。不管选中的幻灯片是否相邻，复制出的幻灯片均出现在之前选中的最后一张幻灯片下方，且按之前的先后顺序排列。

● 用复制粘贴方法复制幻灯片。

用复制粘贴方法可将幻灯片复制到指定位置，操作步骤如下。

① 在普通视图的幻灯片窗格中或者在幻灯片浏览视图中，选中要复制的幻灯片。

② 执行复制操作。用鼠标右键单击幻灯片，在弹出的快捷菜单中选择"复制"命令，或者在"开始"工具栏中单击"复制"按钮，或者按【Ctrl + C】键，将选中的幻灯片复制到剪贴板。

③ 执行粘贴操作。在普通视图的幻灯片窗格中或者在幻灯片浏览视图中，用鼠标右键单击要粘贴幻灯片的位置，然后在弹出的快捷菜单中选择"粘贴"命令；也可在普通视图的幻灯片窗格中或者在幻灯片浏览视图中，单击要粘贴幻灯片的位置，然后在"开始"工具栏中单击"粘贴"按钮，或者按【Ctrl + V】键，完成粘贴操作。

2. 移动幻灯片

可使用拖动和剪切粘贴方法移动幻灯片。

学习笔记

- 用拖动方法移动幻灯片。

首先在普通视图的幻灯片窗格中或者在幻灯片浏览视图中，选中要移动的幻灯片。然后将鼠标指针指向选中的幻灯片，按住鼠标左键将幻灯片拖动到新位置，释放鼠标左键完成移动。

- 用剪切粘贴方法移动幻灯片。

用剪切粘贴方法移动幻灯片的操作步骤如下。

① 在普通视图的幻灯片窗格中或者在幻灯片浏览视图中，选中要移动的幻灯片。

② 执行剪切操作。用鼠标右键单击幻灯片，在弹出的快捷菜单中选择“剪切”命令，或者在“开始”工具栏中单击“剪切”按钮，或者按【Ctrl + X】键，将选中的幻灯片复制到剪贴板，同时幻灯片窗格中选中的幻灯片将会被删除。

③ 执行粘贴操作。在普通视图的幻灯片窗格中或者在幻灯片浏览视图中，用鼠标右键单击要粘贴幻灯片的位置，然后在弹出的快捷菜单中选择“粘贴”命令；也可在普通视图的幻灯片窗格中或者在幻灯片浏览视图中，单击要粘贴幻灯片的位置，然后在“开始”工具栏中单击“粘贴”按钮，或者按【Ctrl + V】键，完成粘贴操作。

3.2.5 更改幻灯片版式

版式指标题、文本或图片等内容在幻灯片中的布局方式。通常，第一张幻灯片默认为封面幻灯片版式，只包含标题和副标题。从第二张幻灯片开始，新建的幻灯片默认为标题加内容版式。

在“开始”或“设计”工具栏中单击“版式”按钮，或者用鼠标右键单击幻灯片，然后在弹出的快捷菜单中选择“版式”命令，可打开版式下拉菜单。在版式下拉菜单中单击要使用的版式，即可将其应用到当前幻灯片或者选中的多张幻灯片。

3.3 编辑幻灯片

3.3.1 编辑文本

在新建的幻灯片中，WPS 演示使用占位文本框提示输入文本的位置。通常，占位文本框边框为虚线，其中显示“单击此处添加标题”或“单击此处添加文本”等提示。在占位文本框内单击，然后输入需要的文本，提示信息自动消失。

可根据需要为幻灯片添加文本框，添加方法如下。

学习笔记

- 在“开始”或“插入”工具栏中单击“文本框”按钮，鼠标指针变为十字形状。在需要添加文本框的位置按住鼠标左键，拖动绘制出文本框。该方式默认添加横向文本框。
- 在“开始”或“插入”工具栏中单击“文本框”下拉按钮，打开预设文本框下拉菜单。在菜单中选择“横向文本框”或“纵向文本框”命令后，鼠标指针变为十字形状。在需要添加文本框的位置按住鼠标左键，拖动绘制出文本框。在预设文本框下拉菜单中，也可在“稻壳文本框”列表中选择各种预设样式的文本框，可单击将其添加到幻灯片中。

添加完文本框后，插入点自动定位到文本框中，可进一步输入文本。“稻壳文本框”可能包含多个文本框，按其中的文字提示进行修改即可。

幻灯片中的文本框均可移动位置，移动方法为：将鼠标指针指向文本框边沿，在鼠标指针变为四向箭头时，按住鼠标左键，拖动到新位置后释放鼠标左键完成移动。

对于不需要的文本框，可单击文本框边沿，然后按【Delete】键或【Backspace】键将其删除。或者用鼠标右键单击文本框边沿，然后在弹出的快捷菜单中选择“删除”命令将其删除。

3.3.2 使用大纲窗格

在普通视图中，大纲窗格用于编辑各级标题，如图 3-8 所示。

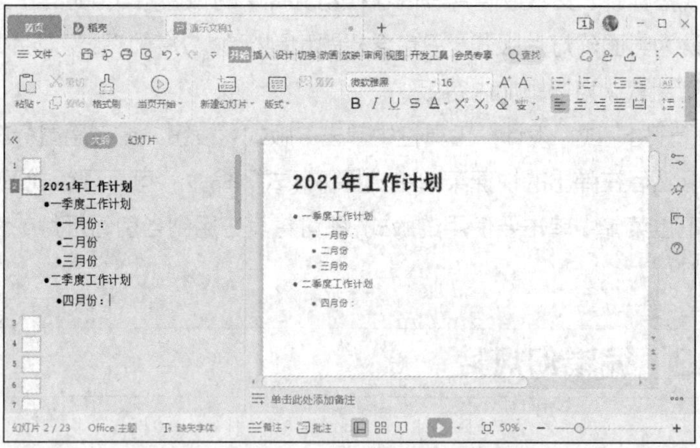

图 3-8 在大纲窗格中编辑标题

大纲窗格中每个序号对应一张幻灯片。在序号右侧输入文本，该文本框内容默认作为幻灯片的一级标题，此时按【Enter】键，可跳转到下一张幻灯片。

在编辑一级标题时，按【Ctrl + Enter】键，可在当前幻灯片大纲中添加换行。新行中的内容将作为二级标题。编辑二级标题时，按【Enter】键添加新行，按【Tab】键可增加标题级别，按【Shift + Tab】键可减少标题级别。

学习笔记

3.3.3 插入图片

1. 插入本地图片

在幻灯片中插入本地图片的方法如下。

- 在“插入”工具栏中单击“插入图片”按钮，或者在占位文本框中单击“插入图片”按钮，打开“插入图片”对话框，如图 3-9 所示。在“插入”工具栏中单击“插入图片”下拉按钮，打开插入图片下拉菜单，在菜单中单击“本地图片”按钮，也可打开“插入图片”对话框。在对话框的文件列表中双击文件，或者在选中文件后单击“打开”按钮，即可插入图片。

图 3-9 “插入图片”对话框

- 也可先在 Windows 的文件夹窗口中复制图片，然后切换回幻灯片编辑窗口，再单击“开始”工具栏中的“粘贴”按钮，或按【Ctrl + V】键，或用鼠标右键单击幻灯片，然后在弹出的快捷菜单中选择“粘贴”命令，将图片粘贴到幻灯片中。

2. 插入稻壳图片

稻壳提供了丰富的在线图片，插入图片方法为：在“插入”工具栏中单击“插入图片”下拉按钮，打开插入图片下拉菜单，在菜单中的“稻壳图片”列表中单击图片即可将其插入幻灯片。

3. 插入手机图片

WPS 提供了插入手机图片功能，插入图片方法为：在“插入”工具栏中单击“插入图片”下拉按钮，打开插入图片下拉菜单，在菜单中单击“手机传图”按钮，打开“插入手机图片”对话框，如图 3-10 所示。用手机微信扫描图片中的二维码连接手机，在手机中完成图片选择后，对话框会显示图片缩略图，如图 3-11 所示。双击图片缩略图可将其插入幻灯片中。

学习笔记

图 3-10 “插入手机图片”对话框

图 3-11 图片缩略图

4. 调整图片大小

调整图片大小的方法如下。

- 单击图片后，图片边框和 4 个角会显示大小调整按钮，将鼠标指针指向大小调整按钮，在鼠标指针变为双向箭头时，按住鼠标左键拖动即可调整图片大小。
- 在单击图片后，也可在“图片工具”工具栏中的“高度”或“宽度”数值输入框中输入图片的准确高度和宽度来调整图片大小。

5. 调整图片位置

将鼠标指针指向图片，按住鼠标左键拖动即可调整图片位置。

6. 裁剪图片

如果只需要图片的部分内容，可对图片进行裁剪。单击图片后，单击“图片工具”工具栏中的“裁剪”按钮，或者在快捷工具栏中单击“裁剪”按钮，进入图片裁剪模式，如图 3-12 所示。可通过拖动图片边框的裁剪按钮，调整裁剪范围。调整好裁剪范围后，单击图片之外的任意位置，或按【Enter】键完成图片裁剪。

图 3-12 图片裁剪模式

学习笔记

进入裁剪模式后，也可在图片右侧的裁剪工具窗格中选择按形状或者按比例裁剪。在“图片工具”工具栏中单击“裁剪”下拉按钮，打开下拉菜单，在菜单中可选择“裁剪”命令子菜单中的按形状或比例进行裁剪，也可在“裁剪”下拉菜单的“创意裁剪”命令子菜单中选择按创意形状进行裁剪。

7. 删除图片

选中图片后，按【Delete】键或【Backspace】键可将其删除。也可用鼠标右键单击图片，然后在弹出的快捷菜单中选择“删除”命令将其删除。

提示 在 WPS 的文字、表格和演示等文档中插入图片、形状、艺术字、表格等操作类似，读者可参考 3.3 和 3.4 节内容，在幻灯片中插入艺术字、表格等对象。

3.3.4 插入音频

音频可作为演示文稿的讲解声音或者背景音乐。

1. 插入音频

在“插入”工具栏中单击“音频”按钮，打开插入音频下拉菜单，如图 3-13 所示。

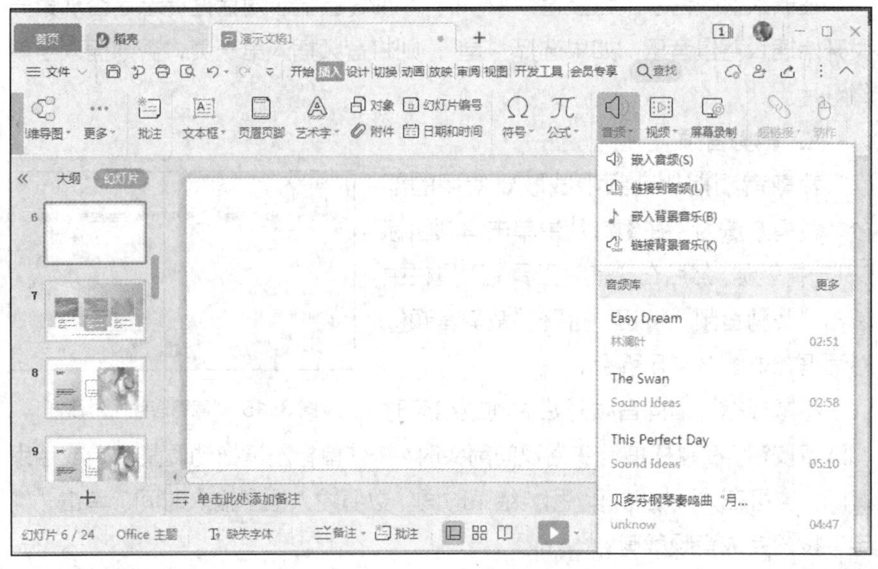

图 3-13 插入音频下拉菜单

在菜单中可选择“嵌入音频”“链接到音频”“嵌入背景音乐”“链接背景音乐”等命令将本地音频插入幻灯片。或者将鼠标指针指向菜单中“音乐库”列表中的音乐，然后单击出现的“下载”按钮，下载完成后可将音乐插入幻灯片中。

学习笔记

嵌入的音频保存在演示文档中，即使删除外部的音频文件，幻灯片中的音频仍然可用。链接的音频仍保存在音频文件原位置，此时应将音频保存到与演示文档同一个文件夹，在复制移动演示文档时须同时复制音频文件。

将音频插入幻灯片后，幻灯片中会显示音频图标，单击图标可显示音频播放工具栏，单击工具栏中的“播放”按钮即可播放音频，如图 3-14 所示。

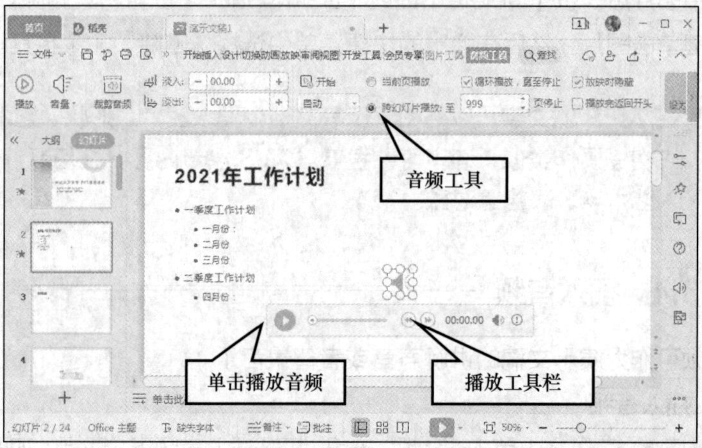

图 3-14　播放音频

在嵌入背景音乐或链接背景音乐时，WPS 会显示对话框提示是否从第一页开始插入背景音乐。如果选择“是”，则将音频插入第一页，否则插入当前幻灯片。

2. 裁剪音频

裁剪音频指从音频中截取要使用的部分，裁剪方法为：在幻灯片中单击音频图标选中音频，然后在“音频工具”工具栏中单击“裁剪音频”按钮，打开“裁剪音频”对话框，如图 3-15 所示。

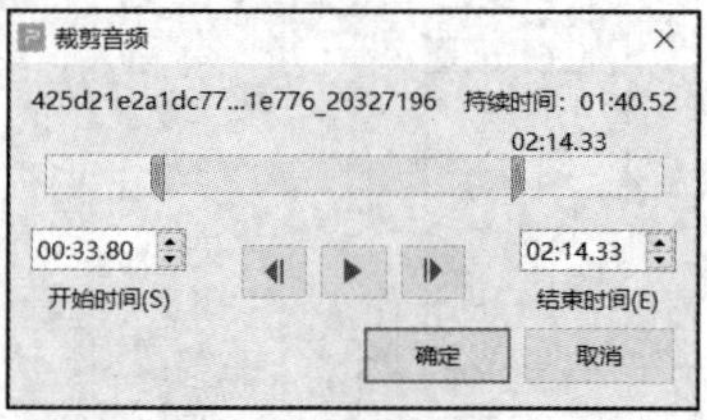

图 3-15　“裁剪音频”对话框

将鼠标指针指向音频开始时间或结束时间选取按钮，在鼠标指针变为双向箭头时，按住鼠标左键拖动调整开始或结束时间。也可在“开始时间”和“结束时间”数值输入框中输入时间。单击“确定”按钮完成音频裁剪。

3. 设置播放选项

“音频工具”工具栏提供了音频的各种播放选项，如图 3-16 所示。

图 3-16　音频播放选项

学习笔记

（1）设置音量

在“音频工具”工具栏中单击“音量”按钮，在弹出的下拉菜单中可设置音量大小。

（2）设置淡入和淡出效果

在音频开始部分可设置淡入效果，在“音频工具”工具栏中的“淡入”数值输入框中可设置淡入时间；在音频结束部分可设置淡出效果，在“音频工具”工具栏中的“淡出”数值输入框中可设置淡出时间。

（3）设置音频播放开始方式

默认情况下，进入音频所在幻灯片时，会自动播放音频。可在“音频工具”工具栏中的“开始”下拉列表中将开始方式设置为“单击”，则只会在单击音频图标时才播放音频。

（4）设置是否跨页播放

在“音频工具”工具栏中选中“当前页播放”单选按钮时，音频只在当前幻灯片中播放，离开当前幻灯片时自动停止播放；选中“跨幻灯片播放”单选按钮，可设置播放到指定页幻灯片时停止播放。非背景音乐默认只在当前幻灯片播放，背景音乐默认为跨幻灯片播放。

（5）设置是否循环播放

在“音频工具”工具栏中选中“循环播放，直至停止”复选框时，音频会循环播放，直到停止放映幻灯片。非背景音乐默认不循环播放，背景音乐默认循环播放。

（6）设置是否隐藏音频图标

在“音频工具”工具栏中选中“放映时隐藏”复选框时，可在放映幻灯片时隐藏音频图标。非背景音乐默认不隐藏音频图标，背景音乐默认隐藏音频图标。隐藏图标时，应将开始方式设置为“自动”，否则无法播放音频。

（7）设置是否在播放完时返回开头

在“音频工具”工具栏中选中“播放完返回开头”复选框时，可在播放完音频时，自动返回音频起始位置。背景音乐和非背景音乐默认均在播放完时不返回起始位置。

（8）设置或取消背景音乐

在“音频工具”工具栏中单击“设为背景音乐”按钮，可将非背景音乐设置为背景音乐。设置为背景音乐后，“设为背景音乐”按钮变为选中状态，再次单击按钮可将音频设置为非背景音乐。

3.3.5 插入视频

在“插入”工具栏中单击“视频”按钮，可打开插入视频下拉菜单。在菜单中可选择“嵌入本地视频”或“链接到本地视频”命令，可将本地视频插入

学习笔记

当前幻灯片。嵌入的视频保存在演示文档中，链接的视频保存在视频原位置。在菜单中选择“网络视频”命令时，可打开对话框输入网络视频地址，从而将网络视频插入幻灯片。在菜单中选择“开场动画视频”时，可根据模板，通过替换图片，制作开场动画视频。

图 3-17 展示了插入视频后的幻灯片。

图 3-17　插入视频后的幻灯片

与音频类似，可使用“视频工具”工具栏中的工具设置音量、裁剪视频、设置开始方式以及其他选项。

3.3.6　编辑幻灯片母版

幻灯片母版用于设置幻灯片的标题、文本、背景图片等各种对象的格式，母版可用于创建新幻灯片或者更改现有幻灯片的版式。

在“视图”工具栏中单击“幻灯片母版”按钮，可切换到幻灯片母版视图，如图 3-18 所示。

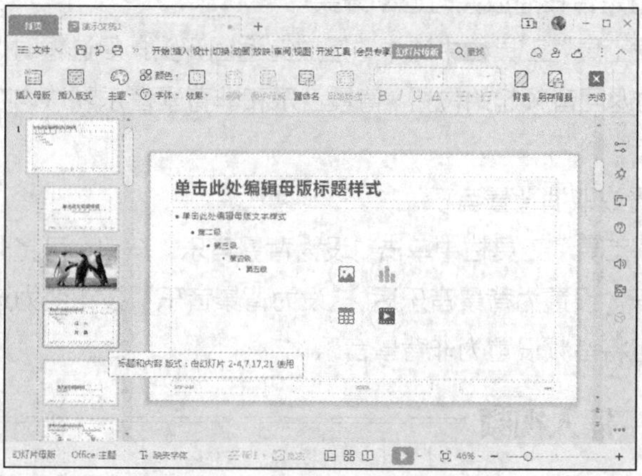

图 3-18　幻灯片母版视图

学习笔记

1. 修改母版版式

当鼠标指针指向视图左侧版式列表中的母版时，WPS 会显示当前有哪些幻灯片使用该母版。每个母版包含一系列版式。在列表中单击版式，可在编辑区中修改版式中的标题、文本等各种对象的格式。修改版式时，应用了该版式的所有幻灯片格式会自动更新，显示最新格式。

2. 添加新版式

在母版的版式列表中用鼠标右键单击插入位置，然后在弹出的快捷菜单中选择“新幻灯片版式”，或者单击“幻灯片母版”工具栏中的“插入版式”按钮，插入一个包含标题的空白版式。可在编辑区中设置标题格式，或者为该版式添加文本框、形状或背景图片等对象。

3. 添加新母版

用鼠标右键单击母版列表，然后在弹出的快捷菜单中选择“新幻灯片母版”，或者单击“幻灯片母版”工具栏中的“插入母版”按钮，插入一个新的空白母版。单击列表中的新母版，可在编辑区中设置版式中的各种对象格式。

3.4 演示文档的放映

演示文档中的文本框、形状、图片、表格或者文本中的段落等，均可作为对象来设置动画效果，使演示文档在放映时展示出更丰富的视觉效果。

3.4.1 设置对象的动画效果

对象的动画效果分为进入、强调、退出和路径 4 种类型。

进入动画指对象出现在幻灯片中的过程动画效果，强调动画指对象出现后在幻灯片中的显示动画效果，退出动画指对象从幻灯片中消失的过程动画效果，路径动画指对象按指定轨迹运动的动画效果。

1. 添加动画效果

为对象添加动画效果的方法为：选中要添加动画的对象，然后在“动画”工具栏中的动画样式列表中单击要使用的样式，将其应用到对象。为对象添加了动画效果后，可单击“动画”工具栏中的“自定义动画”按钮，打开自定义动画窗格，在其中设置动画选项，如图 3-19 所示。

动画选项包括开始方式、方向、速度以及出现顺序等。要更改动画选项，首先在幻灯片中选中对象，或者在自定义动画窗格的顺序列表中单击对象，然后进一步修改动画选项。

（1）修改开始方式

在“开始”下拉列表中，可选择动画的开始方式。开始方式为“单击时”表示单击即可开始动画；开始方式为“之前”表示与上一个动画同时开始；开

学习笔记

始方式为“之后”表示在上一个动画结束之后开始动画。

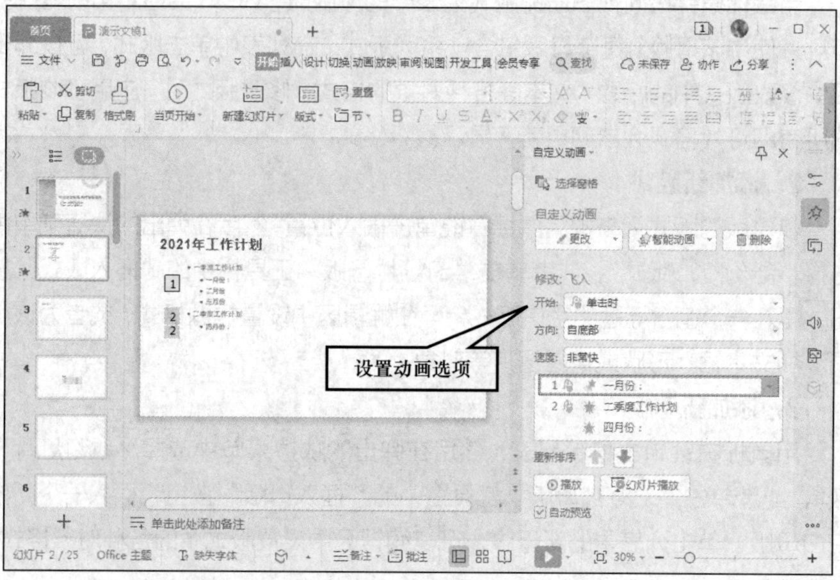

图 3-19　设置动画选项

（2）修改方向

在“方向”下拉列表中，可选择对象自屏幕的哪个位置出现，如“自左侧”“自右侧”“自顶部”等。

（3）修改速度

速度指动画完成的时间，可在“速度”下拉列表中选择动画的完成速度。

（4）修改出现顺序

默认情况下，演示文档按添加的先后顺序播放各个动画。在自定义动画窗格的顺序列表中，可看到各个动画的序号。打开自定义动画窗格时，幻灯片中对象左侧也会显示动画的序号。动画的序号越小，越先出现。在自定义动画窗格的顺序列表中，可单击对象，然后单击列表下方的↑或↓按钮调整动画的先后顺序；也可在列表中拖动对象来调整动画顺序。

（5）删除动画效果

在自定义动画窗格的顺序列表中，可单击对象，然后单击“删除”按钮可删除动画效果。或者，用鼠标右键单击顺序列表中的对象，然后在弹出的快捷菜单中选择“删除”命令来删除动画效果。

2. 使用智能动画

智能动画可根据选中的对象，自动设置动画效果。添加智能动画的方法为：在幻灯片中选中要设置动画的对象，然后在“动画”工具栏或自定义动画窗格中单击“智能动画”按钮，打开智能动画列表，如图 3-20 所示。在列表中单击要使用的动画，将其应用到选中对象。

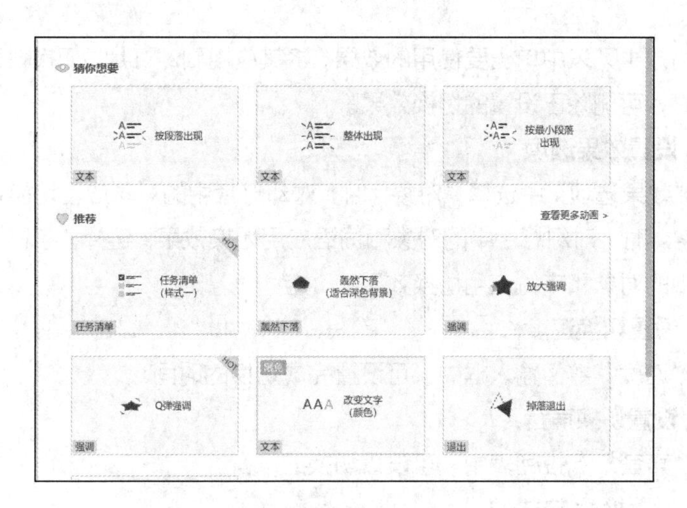

图 3-20　智能动画列表

学习笔记

3. 删除所有动画

在“动画”工具栏中单击“删除动画”按钮，打开删除对话框，在对话框中单击“是”按钮，可删除当前幻灯片中的全部动画。

3.4.2　设置幻灯片切换效果

幻灯片切换效果指在放映演示文档时，从一张幻灯片从屏幕消失到另一张幻灯片出在屏幕上出现的动画效果。

在“切换”工具栏或者“幻灯片切换”窗格中可设置幻灯片切换效果，如图 3-21 所示。

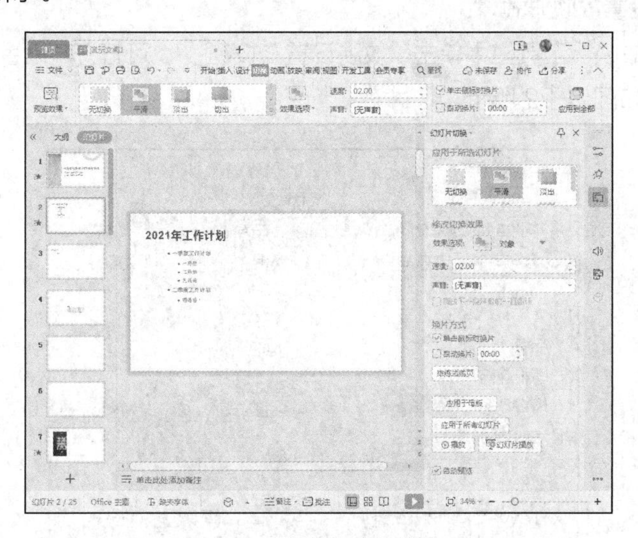

图 3-21　设置幻灯片切换效果

1. 添加切换效果

选中要设置切换效果的幻灯片后，在“切换”工具栏或者“幻灯片切换”

学习笔记

窗格中的效果列表中单击要使用的效果，将其应用到幻灯片。切换效果为“无切换”时，可删除已设置的切换效果。

2. 设置效果选项

在“效果选项”中选择“对象”时，对幻灯片中的对象应用切换效果；选择“文字”时，对幻灯片中的对象和词语应用切换效果；选择“字符”时，对幻灯片中的对象和字符应用切换效果。

3. 设置切换速度

在“速度”数值输入框中，可设置完成切换的时间。

4. 设置切换声音

在“声音”下拉列表中，可设置切换的声音。

5. 设置换片方式

默认情况下，单击时切换幻灯片，开始播放切换动画。选中“自动换片”复选框，并设置时间，可自动切换幻灯片。

6. 应用范围

默认情况下，切换效果应用于当前幻灯片。在“切换”工具栏中单击“应用到全部”按钮，或在“幻灯片切换”窗格中单击“应用于所有幻灯片”按钮，可将切换效果应用到整个演示文档中的所有幻灯片。在“幻灯片切换”窗格中单击“应用于母版”按钮，可将切换效果应用到母版。

3.4.3 放映演示文稿

1. 设置放映方式

在“放映”工具栏中单击“放映设置”按钮，可打开“设置放映方式”对话框，如图 3-22 所示。

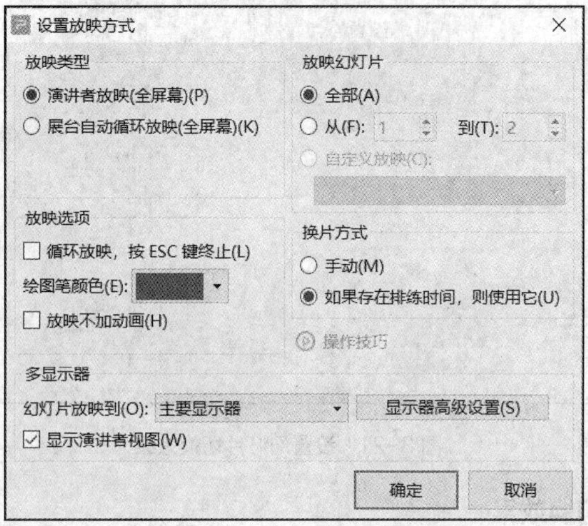

图 3-22 “设置放映方式”对话框

学习笔记

（1）设置放映类型

在“设置放映方式”对话框的“放映类型”中，可选择“演讲者放映(全屏幕)”或“展台自动循环放映(全屏幕)”。“演讲者放映(全屏幕)”为默认放映类型，由演讲者播放演示文档；“展台自动循环放映(全屏幕)”为自动播放，演讲者不能手动切换幻灯片。

（2）设置可放映的幻灯片

在“设置放映方式”对话框的“放映幻灯片”中，可设置播放哪些幻灯片，默认为播放全部幻灯片，也可设置播放的幻灯片页码，或者按自定义放映序列播放。

2. 定义放映序列

放映序列指按顺序排列的幻灯片放映队列。在“设置放映方式”对话框中，可选择放映序列播放幻灯片。自定义的放映序列可包含演示文档中的部分或全部幻灯片，幻灯片的播放顺序可以按需要排列。

在“放映”工具栏中单击“自定义放映”按钮，可打开“自定义放映”对话框，如图 3-23 所示。在对话框的“自定义放映”列表框列出了已定义的放映序列，可单击序列，然后单击“编辑”按钮修改放映序列。单击“删除”按钮可删除选中的放映序列。单击“复制”按钮可复制选中的放映序列。单击“新建”按钮，可打开“定义自定义放映”对话框，创建放映序列，如图 3-24 所示。

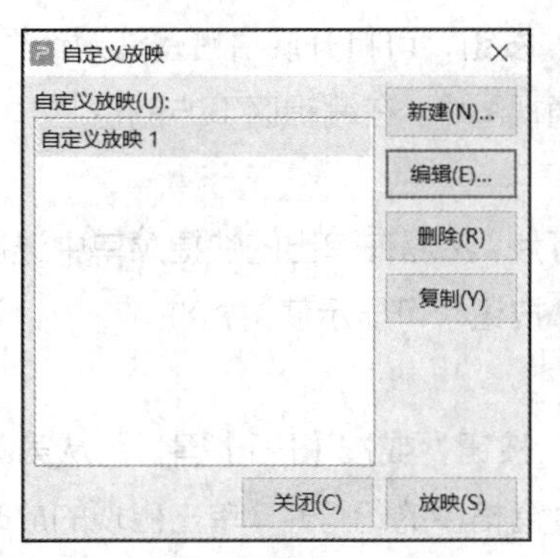

图 3-23 “自定义放映”对话框

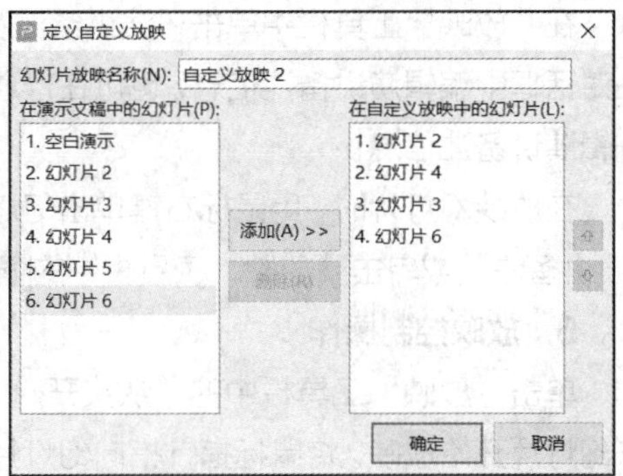

图 3-24 “定义自定义放映”对话框

在“定义自定义放映”对话框的“在演示文稿中的幻灯片”列表框中，双击幻灯片标题，或者在单击幻灯片后，单击“添加”按钮，将幻灯片添加到播放序列中。

3. 使用排练计时

排练计时可记录每张幻灯片的放映时间。在“设置放映方式”对话框的“换片方式”中，选中“如果存在排练时间，则使用它”单选按钮，则可按排练计时记录的时间自动切换幻灯片。

学习笔记

在“放映”工具栏中单击“排练计时”按钮，或者单击“排练计时”下拉按钮排练计时，打开排练计时下拉菜单，在菜单中选择“排练全部”命令，可从第一张幻灯片开始排练全部幻灯片。在排练计时下拉菜单中选择“排练当前页”命令，则只排练当前幻灯片。

在结束放映幻灯片时，WPS 会显示对话框提示是否保留排练时间，如图 3-25 所示。单击“是”按钮可保留排练时间。

WPS 演示

幻灯片放映共需时间 0:00:04。是否保留新的幻灯片排练时间？

是 (Y)　否 (N)

图 3-25　是否保留排练时间提示

4. 隐藏幻灯片

在“放映”工具栏中单击“隐藏幻灯片”按钮，可隐藏当前幻灯片。放映时不显示隐藏的幻灯片。

5. 使用演讲备注

演讲备注用于给幻灯片添加说明信息，该信息在放映幻灯片时，演讲者可观看，观众无法看到。

在“放映”工具栏中单击“演讲备注”按钮，可打开演讲者备注对话框，在对话框中编辑演讲备注信息。也可在普通视图中，在编辑区下方的备注框中编辑演讲备注信息。

在放映幻灯片时，用鼠标右键单击幻灯片，然后在弹出的快捷菜单中选择“演讲备注”或单击“放映”工具栏中的按钮，可显示演讲备注。

6. 放映控制操作

单击“放映”工具栏中的“从头开始”按钮，或按【F5】键，可从第 1 张幻灯片开始放映。将鼠标指针指向幻灯片窗格中的幻灯片，单击出现的放映按钮，或者单击“放映”工具栏中的“当页开始”按钮，或单击状态栏中的放映按钮，或按【Shift + F5】键，可从当前幻灯片开始放映。

在放映幻灯片过程中，可使用下面的方法控制放映。

- 切换到上一张幻灯片：按【P】键、【↑】键、【←】键、【Page Up】键或向上滚动鼠标滚轮；
- 切换到下一张幻灯片：按【N】键、【↓】键、【→】键、【Page Down】键、【Space】键、【Enter】键，或向下滚动鼠标滚轮，或单击；
- 用鼠标右键单击幻灯片，在弹出的快捷菜单中选择“上一页”“下一

学习笔记

页”“第一页”“最后一页”等命令切换幻灯片。

- 用鼠标右键单击幻灯片，在弹出的快捷菜单中选择“定位\按标题”命令子菜单中的幻灯片标题，切换到该幻灯片。
- 结束放映：按【Esc】键，或用鼠标右键单击幻灯片，在弹出的快捷菜单中选择“结束放映”命令。

7. 在放映时使用绘图工具

在放映幻灯片时，可使用绘图工具在幻灯片上绘制各种标记，以便强调和突出重点内容。

在放映幻灯片时，单击“放映”工具栏中的按钮，可打开绘图工具菜单，如图 3-26 所示。

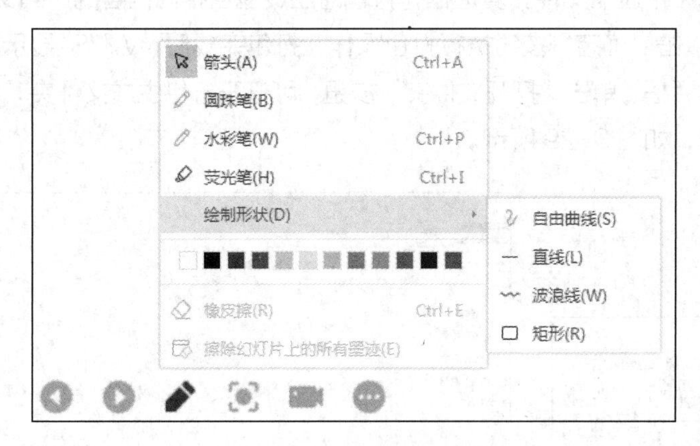

图 3-26　绘图工具菜单

在绘图工具菜单中可选择“圆珠笔”“水彩笔”“荧光笔”等命令，然后用鼠标指针在幻灯片中绘制标记。也可用鼠标右键单击幻灯片，然后在弹出的快捷菜单中的“墨迹画笔”命令子菜单中选择画笔。

3.5 演示文档打包

如果在演示文档中使用了特殊字体、链接音频、链接视频等外部文件时，为了在其他计算机上能正常使用演示文档，就需要使用 WPS 的“打包”工具。

3.5.1 打包为文件夹

打包为文件夹功能可将演示文档、字体文件、链接音频、链接视频等复制到指定的文件夹，将文件夹复制到其他计算机即可正常使用演示文档。

将演示文档打包为文件夹的操作步骤如下。

① 保存正在编辑的演示文档。

② 在“文件”菜单中选择“文件打包\将演示文档打包为文件夹”命令，

学习笔记

打开“演示文件打包”对话框，如图 3-27 所示。

图 3-27 “演示文件打包”对话框

③ 在“文件夹名称”输入框中输入文件夹名称，在“位置”输入框中输入文件夹保存位置，可单击“浏览”按钮打开对话框选择保存位置。可选中“同时打包成一个压缩文件”复选框，打包时生成包含相同内容的压缩文件。

④ 单击“确定”按钮执行打包操作。打包完成后，WPS 显示图 3-28 所示的对话框。单击“打开文件夹”按钮，可打开打包生成文件夹，以便查看打包内容，如图 3-29 所示。

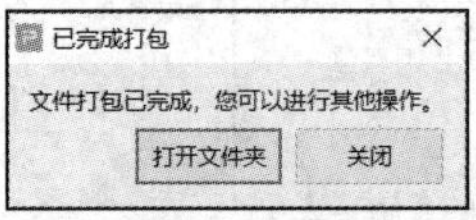

图 3-28 打包完成

图 3-29 打包生成的文件夹内容

3.5.2 打包为压缩文件

打包为压缩文件功能可将演示文档、字体文件、链接音频、链接视频等打包到一个压缩文件中，将压缩文件复制到其他计算机，解压缩后即可正常使用演示文档。

将演示文档打包为压缩文件的操作步骤如下。

① 保存正在编辑的演示文档。

② 在“文件”菜单中选择“文件打包\将演示文档打包为压缩文件”命令，打开“演示文件打包”对话框，如图 3-30 所示。

③ 在“压缩文件名”输入框中输入压缩文件名称，在“位置”输入框中输入压缩文件保存位置，可单击“浏览”按钮打开对话框选择保存位置。

④ 单击“确定”按钮执行打包操作。打包完成后，WPS 显示图 3-31 所示的“已完成打包”对话框。单击“打开压缩文件”按钮，可打开压缩文件查看打包的内容，如图 3-32 所示。

图 3-30 “演示文件打包”对话框

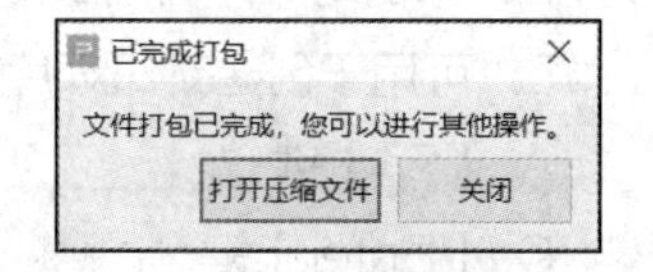

图 3-31 “已完成打包”对话框

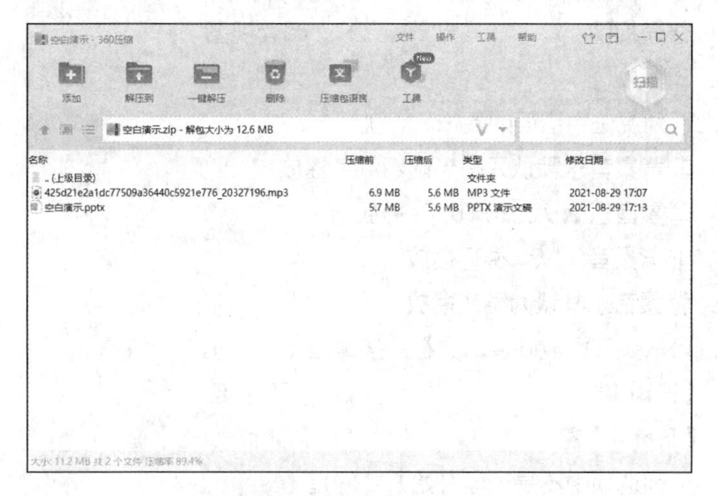

图 3-32 查看压缩文件内容

学习笔记

3.6 习题

一、单项选择题

1. 通常，编辑幻灯片使用的视图是（　　）。

A. 普通视图　　B. 幻灯片浏览视图

C. 备注页视图　　D. 阅读视图

2. 可以编辑备注信息的视图是（　　）。

A. 大纲视图　　B. 幻灯片浏览视图

C. 备注页视图　　D. 阅读视图

3. 在幻灯片浏览视图中，可切换到上一张幻灯片的按键是（　　）。

A.【↓】键　　B.【←】键

C.【Space】键　　D.【Enter】键

4. 要在当前幻灯片之前插入一张新幻灯片，正确的操作是（　　）。

A. 用鼠标右键单击当前幻灯片，然后在弹出的快捷菜单中选择“新建幻灯片”命令

B. 在“开始”或“插入”工具栏中单击“新建幻灯片”按钮

C. 将鼠标指针指向上一张幻灯片，单击幻灯片下方出现的“新建幻灯片”按钮

学习笔记

D. 单击幻灯片窗格最下方的“新建幻灯片”按钮 +

5. 可用于创建新幻灯片的按键是（　　）。

A.【F4】键　　B.【Tab】键

C.【Enter】键　　D.【Ctrl + Enter】键

6. 可在其中统一设置所有幻灯片的背景图片的是（　　）。

A. 普通视图　　B. 阅读视图

C. 母版视图　　D. 大纲视图

7. 下列说法中错误的是（　　）。

A. 非背景音乐默认只在当前幻灯片播放

B. 背景音乐默认为跨幻灯片播放

C. 非背景音乐默认循环播放

D. 背景音乐默认为循环播放

8. 可从头开始放映演示文档的按键是（　　）。

A.【F4】键　　B.【F5】键

C.【Enter】键　　D.【Shift + F5】键

9. 下列选项中不是动画开始方式的是（　　）。

A. 单击时　　B. 之前　　C. 之后　　D. 自动

10. 下列说法中错误的是（　　）。

A. 放映幻灯片时，只有演讲者才能查看备注信息，观众看不到

B. 自定义的放映序列可包含演示文档的部分幻灯片

C. 隐藏幻灯片是为了防止其他人在编辑演示文档时修改幻灯片

D. 在放映幻灯片时，演讲者可在幻灯片上绘制标记

11. 在 WPS 演示中，设置幻灯片背景格式的填充选项中包含（　　）。

A. 字体、字号、颜色、风格

B. 设计模板、幻灯片版式

C. 纯色、渐变、图片和纹理、图案

D. 亮度、对比度和饱和度

12. 在 WPS 演示中，若要设置幻灯片中对象的动画效果，应选择（　　）。

A. 普通视图　　B. 幻灯片浏览视图

C. 幻灯片放映视图　　D. 以上均可

13. 在 WPS 演示中，下列关于超链接叙述错误的是（　　）。

A. 可以链接到其他演示文稿的某页幻灯片上

B. 可以链接到本演示文稿的某页幻灯片上

C. 可以链接到网页地址上

D. 可以链接到其他文件上

14. 下列关于 WPS 演示动画的叙述，叙述错误的是（　　）。

学习笔记

A．动画出现的顺序不可以调整

B．动画出现的顺序可以调整

C．动画可设置为满足一定条件时才能出现

D．如果使用了排练计时，那么放映时无须单击控制动画的出现

15．在 WPS 演示中，下列关于表格的叙述错误的是（　　）。

A．可以向表格中插入新行和新列

B．不能合并和拆分单元格

C．可以改变列宽和行高

D．可以给表格添加边框

16．在 WPS 演示中，动画效果共 4 类，下列选项错误的是（　　）。

A．进入　　B．退出　　C．强调　　D．切换

17．在 WPS 演示文稿中插入超链接中所链接的目标不包括（　　）。

A．另一演示文稿　　B．不同演示文稿的某一张幻灯片

C．其他应用程序的文档　　D．幻灯片中的某个对象

18．在 WPS 演示中，对指定对象进行“动作设置”，不能完成的动作是（　　）。

A．超链接到　B．运行程序　　C．播放声音　　D．更换背景

19．在下列 WPS 演示功能选项中，可将幻灯片放映的换页效果设置为“垂直百叶窗”的选项是（　　）。

A．自定义动画　　B．动画方案

C．幻灯片切换　　D．动作设置

20．在 WPS 演示文稿中，用户可以通过（　　）添加批注。

A．“开始”工具栏　　B．“插入”工具栏

C．“视图”工具栏　　D．“审阅”工具栏

二、多项选择题

1．在 WPS 演示中，有关动画叙述正确的有（　　）。

A．动画效果共分为 4 类：进入、强调、退出和路径

B．动画文本可以：整批发送、按词发送和按字母发送

C．某对象的动画可以复制到另一对象上

D．动画开始方式共有两种：单击开始和从上一项开始

2．在 WPS 演示中，以下叙述正确的有（　　）。

A．一个演示文稿中只能有一张应用“标题幻灯片”版式的幻灯片

B．在任一时刻，幻灯片窗格内只能编辑一张幻灯片

C．在幻灯片上可以插入多种对象，除了可以插入图片、图表外，还可以插入声音、公式和视频等

D．备注页的内容与幻灯片内容分别存储在两个不同的文件中

学习笔记

3. 在 WPS 演示中，关于建立超链接，下列说法正确的是（　　）。

A. 纹理对象可以建立超链接　　B. 图片对象可以建立超链接

C. 背景对象可以建立超链接　　D. 文字对象可以建立超链接

4. 在 WPS 演示中，关于自定义动画，下列说法正确的是（　　）。

A. 可以带声音　　B. 可以添加效果

C. 可以调整顺序　　D. 不可以进行预览

5. 在 WPS 演示的“动画设置”对话框中，设置的超链接对象可以链接到（　　）。

A. 桌面上的一张图片　　B. 一个应用程序

C. 幻灯片中的一张图片　　D. 占位符中的一段文字

三、填空题

1. 在 WPS 演示中，使用________和动作设置可以制作具有交互功能的演示文稿，以便于更好地说明问题。

2. 在 WPS 演示中，如果要在放映第 5 张幻灯片时，单击幻灯片上的某对象后跳转到第 8 张幻灯片上，可单击“插入”工具栏中的________按钮进行设置。

3. 在 WPS 演示中，幻灯片________主要用来控制下属所有幻灯片的格式，在其中可以设置主题类型、字体、颜色、效果及背景样式等。

4. WPS 演示提供的背景格式设置方式包含________、渐变填充、图片或纹理填充和图案填充 4 种。

5. 对 WPS 演示文稿的________进行编辑，可以使每张幻灯片的固定位置上显示相同的文字或图片。

6. 在 WPS 演示中，一个演示文稿________同时使用不同的模板。

7. WPS 演示为用户提供了多种图片编辑功能，包括图片的应用效果、大小、角度、翻转、对比度和亮度、边框和________等。

8. 在 WPS 演示中，在________工具栏中可实现插入批注。

9. 在 WPS 演示中，在________工具栏中可实现打开备份管理功能。

10. 在 WPS 演示中，在“文件”菜单中单击________按钮可以打开文档权限功能。

四、简答题

1. 请列举 3 种新建幻灯片的方法。

2. 请问背景音乐和非背景音乐有哪些不同特点？

3. 请问如何在幻灯片中插入手机中的图片？

4. 请问怎样才能实现根据演讲时间自动切换幻灯片？

5. 请问怎样才能让两个动画同时开始？

第4章 信息检索

学习笔记

信息检索是信息化时代人们应当具备的基本信息素养之一。掌握网络信息的高效检索方法，是现代信息社会对高素质技术技能人才的基本要求。信息检索能力是信息素养的集中表现，提高信息素养最有效的途径是学习信息检索的基本知识，进而提高自身的信息检索能力。

4.1 使用搜索引擎

搜索引擎是根据用户需求，运用一定算法和特定策略，从互联网检索出特定信息反馈给用户的一门检索技术。搜索引擎的实现基于多种技术，如网络爬虫技术、检索排序技术、网页处理技术、大数据处理技术、自然语言处理技术等。典型的搜索引擎有百度、谷歌等。下面以百度为例，说明如何使用搜索引擎。

1. 简单搜索

在搜索框中输入关键词，按【Enter】键或单击“百度一下”按钮，执行搜索，页面中很快会显示搜索结果，如图 4-1 所示。

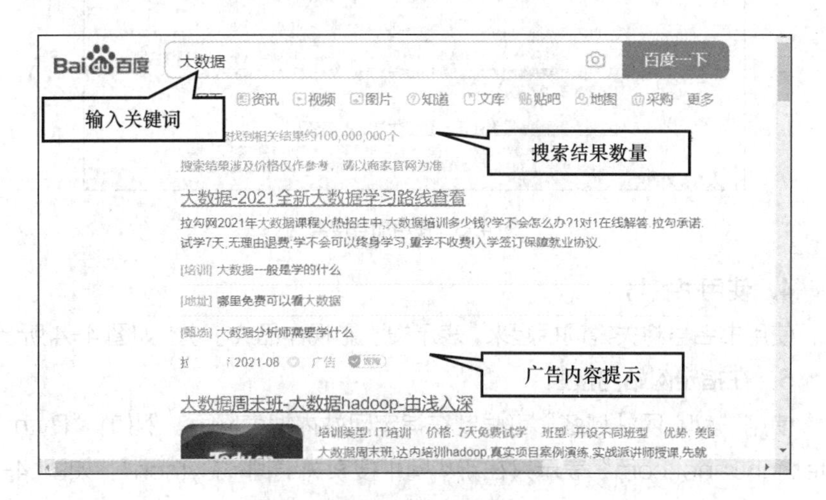

图 4-1 简单搜索

学习笔记

通常，搜索结果的前面几条为广告内容，百度会在网站地址后标注广告提示。

2. 使用双引号

通常，百度会自动对关键词进行拆分，这会导致搜索结果中包含许多无用的内容。使用双引号将关键词引起来，表示执行精确搜索，如图 4-2 所示。

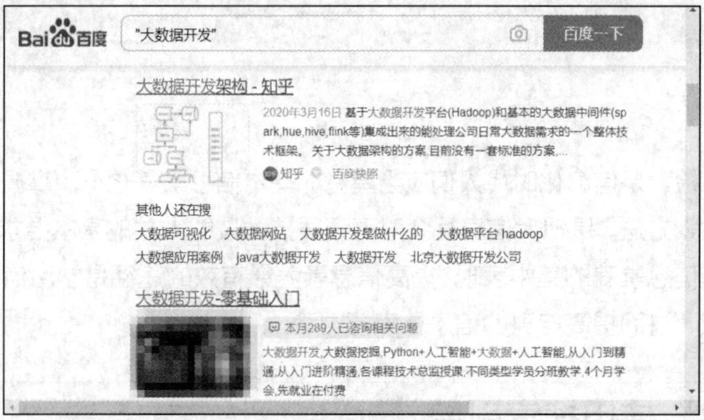

Bai百度
"大数据开发"
百度一下
大数据开发架构 - 知乎
2020年3月16日 基于大数据开发平台(Hadoop)和基本的大数据中间件(spark,hue,hive,flink等)集成出来的能处理公司日常大数据需求的一个整体技术框架。关于大数据架构的方案,目前没有一套标准的方案,...
知乎 百度快照
其他人还在搜
大数据可视化 大数据网站 大数据开发是做什么的 大数据平台 hadoop
大数据应用案例 java大数据开发 大数据开发 北京大数据开发公司
大数据开发-零基础入门
本月289人已咨询相关问题
大数据开发,大数据挖掘,Python+人工智能+大数据+人工智能,从入门到精通,从入门进阶精通,各课程技术总监授课,不同类型学员分班教学,4个月学会,先就业在付费

图 4-2　使用双引号执行精确搜索

3. 使用加号

在关键词前面使用加号，表示在搜索结果的网页中必须包含关键词，如图 4-3 所示。

Bai百度
+Python +OpenCV
百度一下
网页 资讯 视频 图片 知道 文库 贴吧 地图 采购 更多
百度为您找到相关结果约32,800,000个
搜索工具
python opencv-安装飞桨PaddlePaddle-百度开源深度学..
飞桨PaddlePaddle,百度开源深度学习平台,致力于让深度学习技术的创新与应用更简单.超大规模训练,多端多平台部署,产业级开源模型库,快速助力产业应用落地.
www.cn 2021-08
python OpenCV使用 - -零 - 博客园
2019年11月28日 此外,OpenCV还提供了Java、python、cuda等的使用接口、机器学习的基础算法调用,从而使得图像处理和图像分析变得更加易于上手,让开发人员更多的精力花在算法的...
博客园 百度快照
python+opencv图像处理(一) - 梦中琴歌 - 博客园
2018年9月1日 它轻量级而且高效——由一系列 C 函数和少量C++类构成,同时提供了Python、Ruby、MATLAB等语言的接口,实现了图像处理和计算机视觉方面的很多通用算法。最新版本是...

图 4-3　使用加号搜索

4. 使用书名号

使用书名号将关键词括起来，表示搜索影视作品或小说，如图 4-4 所示。

5. 在指定网站内搜索

使用“site:网站域名”可限制在指定网站内搜索网页。例如，“Python site:xinhuanet.com”表示只在新华网中搜索关键词“Python”，如图 4-5 所示。

学习笔记

6. 在网页标题中搜索

在关键词前加上“intitle:”，表示只在网页标题中搜索关键词，如图 4-6 所示。

图 4-4 使用书名号搜索

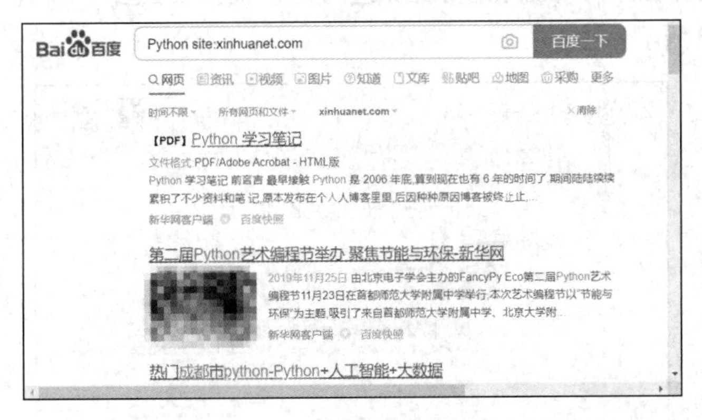

图 4-5 在指定网站内搜索

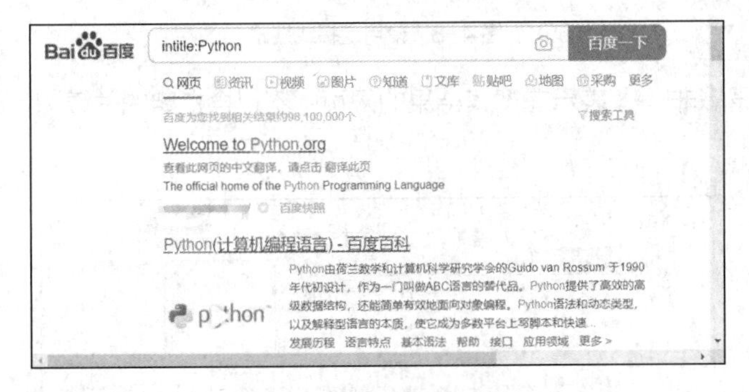

图 4-6 在网页标题中搜索

7. 精确搜索指定文件类型的文档

在百度中搜索文档时，可使用“filetype:文档格式”指定要搜索文档的文件类型。例如，“Python filetype:pdf”表示搜索包含关键词 Python 的 PDF 文档，如图 4-7 所示。

学习笔记

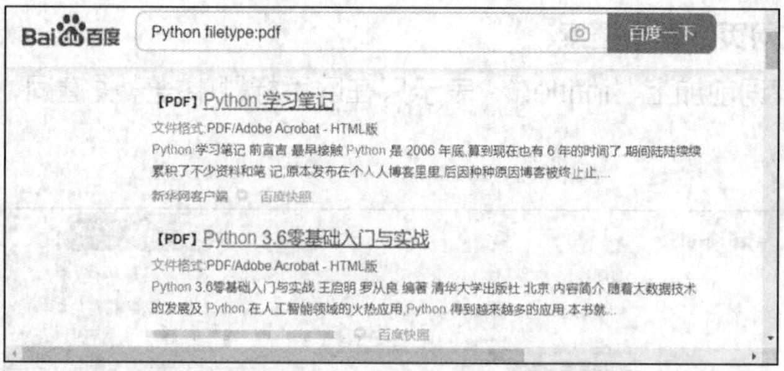

图 4-7　精确搜索指定文件类型的文档

8. 使用逻辑运算符

在百度中，可使用下面的逻辑运算符表示关键词之间的逻辑关系。

- 逻辑与：空格，表示在搜索结果的网页中同时包含多个指定的关键词，与使用加号“+”作为关键词前缀类似。
- 逻辑或：|，表示在搜索结果的网页中包含一个或多个指定的关键词，如图 4-8 所示。

图 4-8　使用逻辑或搜索

- 逻辑非：-，表示在搜索结果的网页中不包含指定的关键词，如图 4-9 所示。

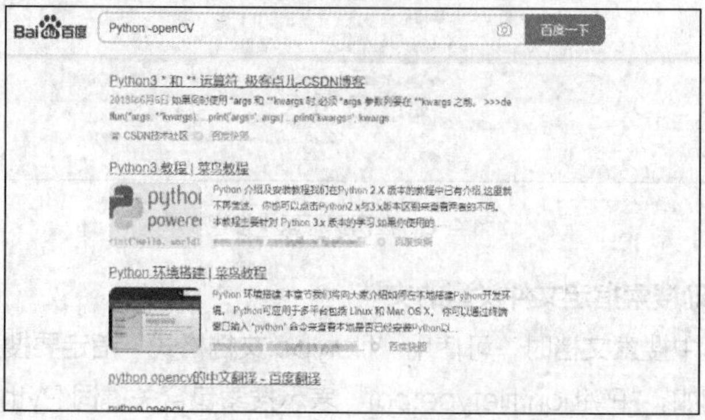

图 4-9　使用逻辑非搜索

学习笔记

4.2 商标检索

商标是用于区别一个经营者的商品或服务和其他经营者的商品或服务的标志，每一个注册商标都指定用于某一商品或服务。

我国的商标注册和管理由国家知识产权局商标局（简称商标局）负责。2018 年 11 月，原国家工商行政管理总局商标局、商标评审委、商标审查协作中心整合为国家知识产权局商标局，其是国家知识产权局所属事业单位。

商标检索即商标查询，指查询商标的注册信息。商标检索是申请商标注册的必经程序。商标局主办的中国商标网提供了商标检索功能。

在中国商标网主页中单击导航菜单栏中的“商标网上查询”链接，可打开商标查询使用说明页面，如图 4-10 所示。

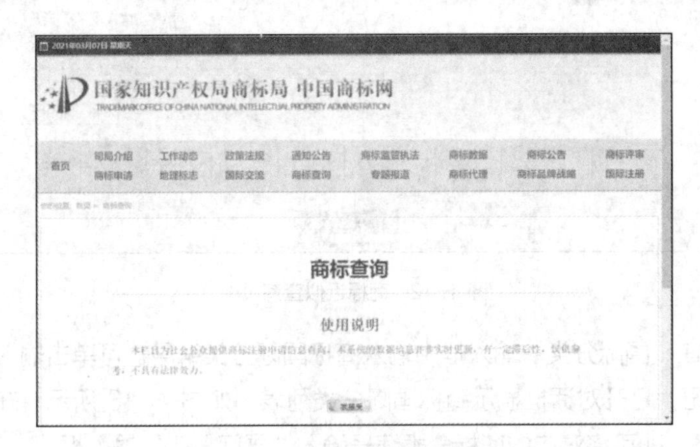

图 4-10　商标查询使用说明页面

在页面中单击“我接受”按钮，进入商标查询分类导航页面，如图 4-11 所示。

图 4-11　商标查询分类导航页面

学习笔记

商标检索分为商标近似查询和商标综合查询。

1. 商标近似查询

商标近似查询可按图形、文字等商标组成要素执行近似检索，查询是否有相同或近似商标。

商标近似查询操作步骤如下。

① 在商标查询分类导航页面中单击“商标近似查询”链接，打开商标近似查询页面，如图 4-12 所示。

图 4-12　商标近似查询页面

② 在“国际分类”输入框中输入商标国际分类编号。可单击输入框右侧的按钮，打开对话框显示商标国际分类列表，如图 4-13 所示。在列表中单击分类，即可将对应的商标分类编号输入“国际分类”输入框。

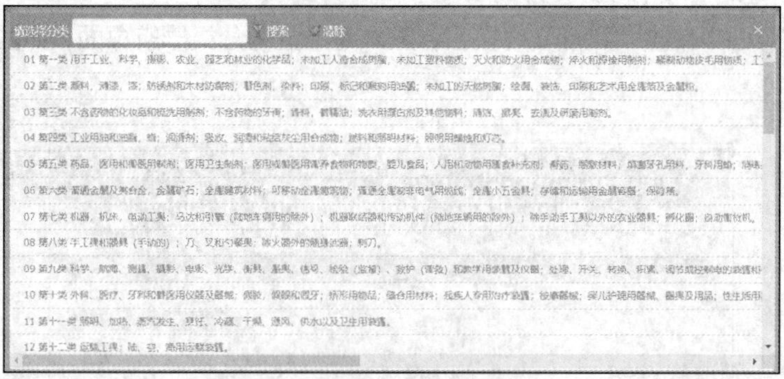

图 4-13　商标国际分类列表

③ 在“类似群”输入框中输入商标的类似群编号，多个编号用分号“;”分隔。可单击输入框右侧的按钮，打开图 4-14 所示对话框。在列表中勾选商标分类，单击“加入检索”按钮，即可将对应的编号输入“类似群”输入框。

学习笔记

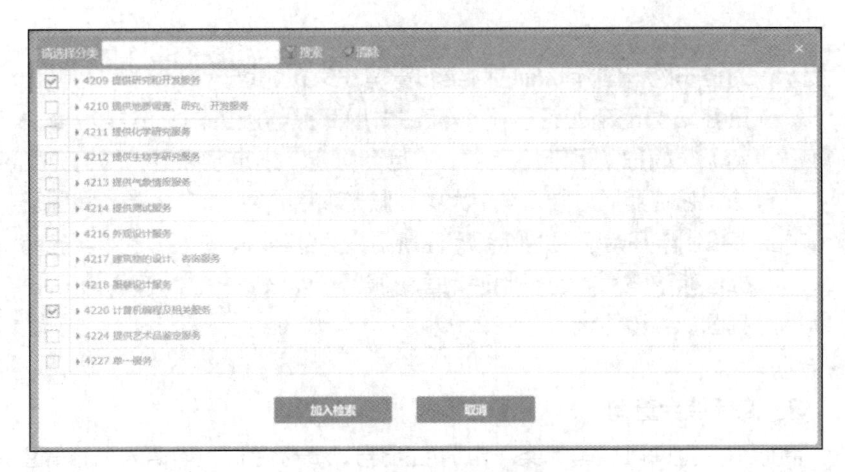

图 4-14　商标的类似群对话框

④ 在“查询方式”中选中查询方式，默认查询方式为“汉字”，还可选择按“拼音”“英文”“数字”“字头”“图形”等方式查询。

⑤ 在“商标名称”输入框中输入要查询的商标名称包含的词语。

⑥ 单击“查询”按钮执行检索操作。

图 4-15 展示了国际分类编号为 42，类似群编号为“4209;4220”，查询方式为“汉字”，商标名称为“百度”的近似查询结果。在查询结果列表中单击相应的申请/注册号或商标名称链接，可查看商标的详细信息，如图 4-16 所示。

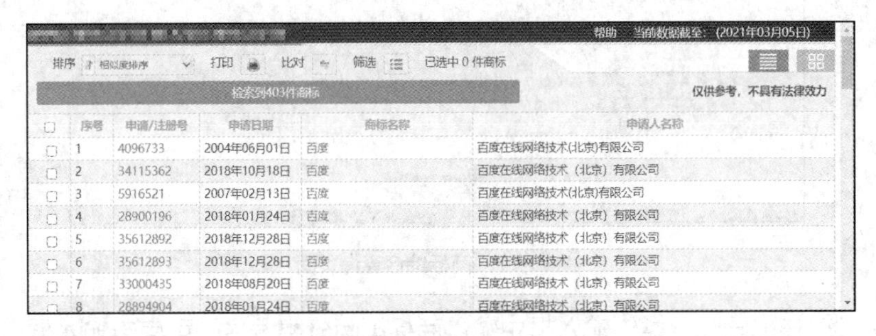

图 4-15　近似查询结果

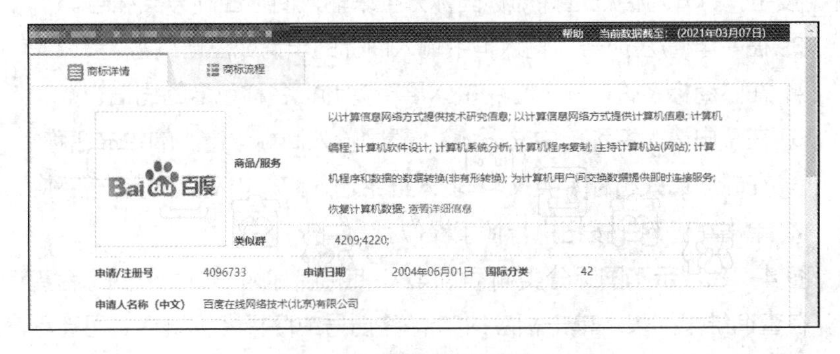

图 4-16　查看商标详细内容

学习笔记

提示 为便于统一国际商标的分类和管理，多个国家于 1957 年 6 月 15 日在法国尼斯签订了《商标注册用商品与服务国际分类尼斯协定》，简称《尼斯协定》。《尼斯协定》规定了商品与服务分类法，它将商品分为 34 个大类，服务项目分为 11 个大类。我国于 1988 年开始使用国际商标注册用商品分类法，在 1993 年实施商标法修改案后，也开始使用国际服务分类法。1994 年 8 月 9 日我国加入该协定。

2. 商标综合查询

商标综合查询可按国际类、申请/注册号、商标名称、申请人名称等查询某一商标的有关信息。商标综合查询的操作步骤如下。

① 在商标查询分类导航页面中单击“商标综合查询”链接，打开商标综合查询页面，如图 4-17 所示。

图 4-17　商标综合查询页面

② 在“国际分类”输入框中输入商标国际分类编号。可单击输入框右侧的按钮，打开对话框选择商标国际分类来输入商标国际分类编号。

③ 在“申请/注册号”输入框中输入商标的申请或注册编号。

④ 在“商标名称”输入框中输入要查询商标名称包含的词语。

⑤ 在“申请人名称（中文）”输入框中输入商标申请人的中文名称。

⑥ 在“申请人名称（英文）”输入框中输入商标申请人的英文名称。

⑦ 单击“查询”按钮执行检索操作。

图 4-18 展示了国际分类编号为 42，商标名称为“百度”的综合查询结果。在查询结果列表中单击相应的申请/注册号或商标名称链接，可查看商标的详细信息。

学习笔记

WWW.CNIPA.GOV.CN WCJS.SBJ.CNIPA.GOV.CN　帮助　当前数据截至：(2021年03月07日)

检索到514件商标　仅供参考，不具有法律效力

序号	申请/注册号	国际分类	申请日期	商标名称	申请人名称
1	53437639	42	2021年01月30日	百度超级链 XUPER X	百度在线网络技术（北京）有限公司
2	53385508	42	2021年01月28日	百度语音输入	百度在线网络技术（北京）有限公司
3	52398910	42	2020年12月23日	百度 AIB	百度在线网络技术（北京）有限公司
4	52225499	42	2020年12月16日	百度开物	百度在线网络技术（北京）有限公司
5	52199600	42	2020年12月16日	百度智能云开物	百度在线网络技术（北京）有限公司
6	52057197	42	2020年12月10日	百度语音 BAIDU SPEECH DU	百度在线网络技术（北京）有限公司
7	51618384	42	2020年11月26日	百度竞猜	炎色网络科技（厦门）有限责任公司
8	49899925	42	2020年09月21日	百度云手机	百度在线网络技术（北京）有限公司

图 4-18　综合查询结果

4.3 专利检索

专利检索是指查找专利说明书，了解专利的相关信息。通常，可从专利分类表、专利文摘、专利题录公报等各种专利工具书查询专利信息，也可从在线专利数据库中查询专利信息。国家知识产权局开发的专利检索及分析系统可提供在线专利检索。专利检索及分析系统可提供常规检索和高级检索两种检索方式。

1. 常规检索

常规检索提供方便、快捷的检索模式，帮助用户快速定位检索对象，适用于检索目的明确，或者初次接触专利检索的用户。

常规检索的操作步骤如下。

① 在国家知识产权局主页的导航菜单栏中选择“服务\政务服务平台”，进入国家知识产权局政务服务平台导航页面。

② 在导航页面中单击“专利检索及分析系统”链接，进入专利检索及分析系统的免责声明页面。

③ 免责声明页面显示了免责声明、关于隐私权、关于版权以及关于解释权等相关信息，使用专利检索及分析系统应遵循、接受这些说明信息。在页面中单击“同意”按钮，进入专利检索及分析系统的常规检索页面，如图 4-19 所示。

图 4-19　常规检索页面

学习笔记

④ 单击页面左上角的“请登录”链接，使用注册的账号登录专利检索及分析系统。如果未注册账号，可单击“免费注册”链接进入注册页面注册账号。

⑤ 选择国家和地区。鼠标指针指向关键词输入框左侧的按钮，显示国家和地区选项，如图 4-20 所示。如果需要检索指定国家或地区的专利，可在选项列表中勾选对应的国家或地区复选框。

⑥ 选择检索模式入口。鼠标指针指向关键词输入框左侧的按钮，显示检索模式入口选项，如图 4-21 所示。默认的检索模式为自动识别，如果要使用其他检索模式，可在选项列表中选中对应的单选按钮。

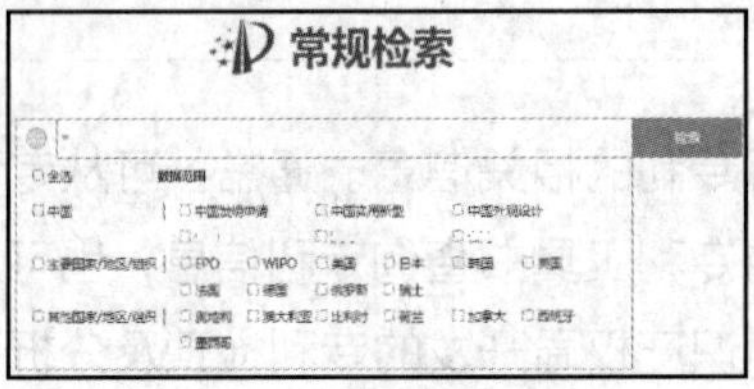

图 4-20 选择国家和地区

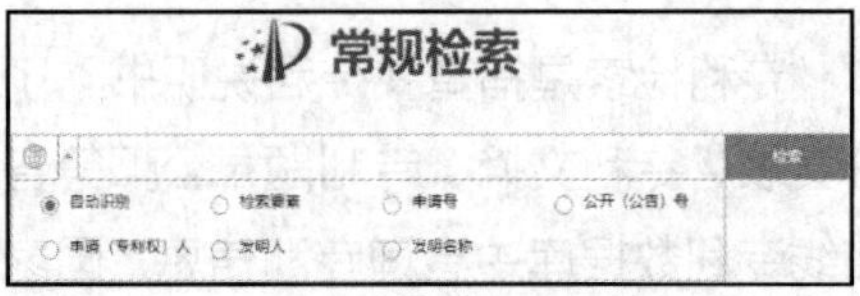

图 4-21 选择检索模式入口

⑦ 在关键词输入框中输入检索关键词，单击“检索”按钮执行检索操作。图 4-22 展示了使用默认选项，关键词为“人脸识别”的检索结果。

图 4-22 检索结果

页面上方的“检索式”下拉列表显示了当前检索式中的检索模式入口，可在列表中选择其他检索模式入口，然后单击右侧的按钮执行新的检索。

“检索历史”栏中显示已执行的检索，单击其中的“检索”按钮，可重新执行检索。

页面列出了检索结果，单击其中的“详览”按钮可查看检索结果中专利的详细内容。

学习笔记

2. 高级检索

高级检索可根据收录数据范围提供检索入口和智能辅助检索功能。

高级检索的操作步骤如下。

① 在常规检索页面或常规检索结果页面中，单击导航菜单栏中的“高级检索”链接，进入高级检索页面，如图 4-23 所示。

图 4-23　高级检索页面

②“检索历史”栏中显示了已执行过的常规检索或者高级检索。单击“检索”按钮，可按检索式执行高级检索。单击“引用”按钮，可将检索式添加到页面下方的“检索式编辑区”的编辑框中。

③ 在“范围筛选”栏中，可单击范围选项将其选中，在检索时根据所选范围筛选。

④“高级检索”栏中显示了默认的高级检索字段，在字段输入框中可输入字段的检索关键词。鼠标指针指向字段输入框时，系统自动显示字段的规则提示信息。部分字段输入框的右侧带有❓按钮，单击❓按钮可打开对话框选择输入内容。

学习笔记

⑤ 设置检索字段。除了默认检索字段，检索系统允许用户添加或取消其他的检索字段。单击“高级检索”栏右上角的“配置”按钮，打开“设置检索字段”对话框，如图 4-24 所示。默认检索字段不能取消。要将其他检索字段添加到“高级检索”栏，可在对话框中选中对应的复选框，然后单击“保存”按钮即可。要取消已经添加到“高级检索”栏中的其他检索字段，可在对话框中取消选中对应的复选框，然后单击“保存”按钮即可。

图 4-24 “设置检索字段”对话框

⑥ 生成和编辑检索式。设置筛选范围、输入检索字段的检索关键词后，在“检索式编辑区”中单击“生成检索式”按钮生成检索式，生成的检索式将显示在编辑框中。可在编辑框中手动修改检索式。

⑦ 在“检索式编辑区”中单击“检索”按钮执行检索操作。执行检索操作后可在“检索式编辑区”下方查看检索结果，如图 4-25 所示。

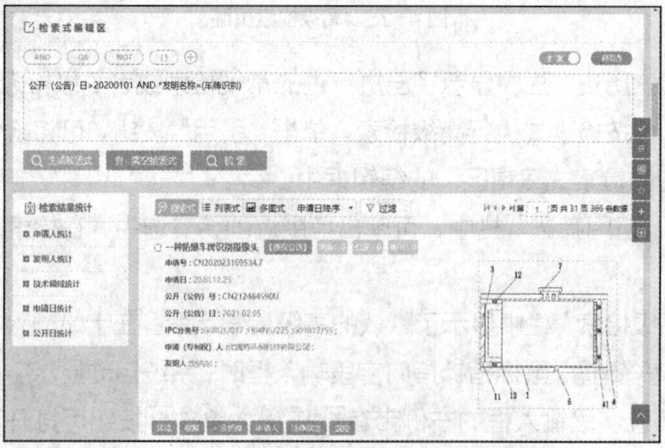

图 4-25 检索结果

学习笔记

4.4 习题

一、单项选择题

1. 在搜索引擎中，双引号的作用是（　　）。

A. 防止拆分搜索关键词　　B. 搜索结果必须包含搜索关键词

C. 搜索结果不能包含搜索关键词　　D. 搜索影视作品或小说

2. 为了搜索网页标题，应为搜索关键词添加前缀（　　）。

A. site:　　B. intitle:　　C. filetype:　　D. +

3. 用于统一国际商标分类和管理的尼斯协定签订于（　　）。

A. 1957 年　　B. 1988 年

C. 1993 年　　D. 1994 年

4. 下列关于商标的说法错误的是（　　）。

A. 商标是用于区别商品或服务的标志

B. 一个商标可用于多种商品或服务

C. 我国的商标注册和管理由国家知识产权局商标局负责

D. 商标检索是申请商标注册的必经程序

5. 下列关于国家知识产权局所属的专利检索及分析系统功能说法错误的是（　　）。

A. 可自动识别检索关键词包含的检索要素类型

B. 可识别申请号中的国别代码

C. 只能检索国内的专利信息

D. 高级检索允许手动修改检索式

二、简答题

1. 请问在搜索引擎中除了简单搜索外，还可执行哪些特殊搜索功能?

2. 请简述专利常规检索的基本过程。

第5章 新一代信息技术概述

新一代信息技术是以人工智能、量子信息、移动通信、物联网、区块链等为代表的新兴技术。新一代信息技术正在全球范围内引发新一轮的科技革命，并将快速转化为现实生产力，引领科技、经济和社会的高速发展。

学习笔记

5.1 人工智能

1. 基本概念

人工智能（Artificial Intelligence，AI）是研究使计算机模拟人的某些思维过程和智能行为的一门综合性前沿学科。目前有两种被广泛认可的定义，一种是马文·明斯基（Marvin Minsky）提出的“人工智能是一门科学，它使机器去做那些人需要通过智能来做的工作”；另一种是尼尔斯·约翰·尼尔森（Nils John Nilsson）在《人工智能》一书中提出的“人工智能是关于知识的科学——怎样表示知识以及怎样获得知识并运用知识的科学”。

1950 年，艾伦·马西森·图灵（Alan Mathison Turing）在其论文《计算机器与智能》中提到了机器智能的概念，他也被称为“人工智能之父”。

2. 标志性事件

1956 年，约翰·麦卡锡（John McCarthy）、马文·明斯基、克劳德·香农（Claude Shannon）等十余位学者在美国的达特茅斯学院召开会议，会议议题包括自动计算机、如何为计算机编程使其能够使用语言、神经网络、自我改造、抽象以及随机性与创造性等。这次会议使用了“人工智能”这一词语，这次会议被称为达特茅斯会议，标志着人工智能成为一个独立的研究学科。

1962 年，阿瑟·萨缪尔（Arthur Samuel）用他设计的西洋跳棋程序夺得美国康涅狄格州的跳棋冠军，在当时引起轰动。阿瑟·萨缪尔提出了“机器学习”的概念，被称为“机器学习之父”。

1997 年，IBM 研制的“深蓝”计算机战胜了国际象棋世界冠军卡斯帕罗夫。

2016 年，谷歌旗下的 DeepMind 公司研制的围棋机器人 AlphaGo 战胜了围棋世界冠军李世石。

学习笔记

3. 人工智能研究流派

人工智能研究流派主要有符号主义流派、连接主义流派和行为主义流派。

（1）符号主义流派

符号主义流派的研究理论基础为：在符号系统中实现的功能，在现实世界中就可以复现对应的功能，即计算机中可以正确实现的，在现实世界中就是正确的。谷歌在 2012 年提出的知识图谱属于符号主义流派，应用于搜索引擎；IBM 研制的智能问答系统也属于符号主义流派的应用。

（2）连接主义流派

连接主义流派的研究理论基础为：如果通过模拟人类大脑神经网络制造一台机器或实现算法，则机器就有了智能。模拟人类大脑设计的神经网络被称为人工神经网络（Artificial Neural Network，ANN）。早期的 ANN 研究曾很长一段时间陷入低谷，但近年来掀起了一股新的 ANN 研究热潮，各种优秀的 ANN 算法不断涌现，被广泛应用于人机对弈、机器翻译、人脸识别等多个领域。

（3）行为主义流派

行为主义流派的研究理论基础为：如果机器复现了人类的行为和行动，就可认为它具有了智能。波士顿动力公司研制的双足人形机器人 Atlas 是行为主义流派的典型代表。行为主义流派的研究成果被广泛应用于智能制造、无人机以及无人驾驶等领域。

5.2 量子信息

在物理学中，量子表示最小不可分割物理量的基本单位。1900 年马克斯·普朗克（Max Planck）提出了“量子”概念。20 世纪 20 年代，物理学家们建立了研究微观世界基本粒子运动规律的量子力学。在量子力学中，量子信息指量子系统所带有的物理信息。量子信息技术是量子物理与信息技术相结合产生的新学科，以量子力学为基础，通过对光子、电子等微观粒子系统及其量子态进行人工观测和调控，借助量子叠加和量子纠缠等独特物理现象，以经典理论无法实现的方式获取、传输和处理信息。

目前，量子信息技术的研究主要集中在量子通信和量子计算。

1. 量子通信

量子通信使用量子态来携带信息，量子纠缠作为信道，将量子态由 A 地传送到 B 地，从而完成信息传递。

2016 年 8 月，我国发射了世界上第一颗量子科学实验卫星“墨子号”，并于 2017 年 1 月正式交付使用。2017 年，我国建成全球首条量子保密通信干线“京沪干线”，主干线长 2000 多千米，沿线有 32 个中继站。2021 年 1 月 7 日，中国科学院院士潘建伟研究小组在《自然》杂志上发表了题为《一

学习笔记

个超过 4600 公里的集成星地量子通信网络》的学术文章，该文章指出，潘建伟研究小组在“墨子号”量子通信实验卫星和“京沪干线”的基础上，实现了构建 4600 千米的量子保密通信网络，并为 150 多个用户提供服务。

2. 量子计算

量子计算是一种应用量子力学原理进行有效计算的新颖计算模式，其计算性能远超现有计算模式。

2019 年 10 月，谷歌开发出了 53 量子比特处理器，该处理器只用了约 200s 就解决了经典计算机大约需要 1 万年才能完成的任务。2020 年 9 月，中国科学院院士潘建伟在公开演讲中透露，其研究团队研发的光量子计算机性能已经实现了超过谷歌 53 量子比特计算机的 100 万倍。

2018 年，百度成立量子计算研究所。2019 年，百度发布国际领先、国内第一的基于云平台的量子脉冲计算系统——量脉（QuanIse）。2020 年 5 月，百度发布国内首个支持量子机器学习的深度学习平台——量桨（Paddle Quantum）。2020 年 9 月，百度发布国内首个云原生量子计算平台——量易伏（Quantum Leaf），可用于编程、模拟和运行量子计算机。现阶段百度量子计算研究所隶属于百度研究院，主要聚焦于量子软件和信息技术应用研究，重点进行量子人工智能（Quantum AI）、量子算法（Quantum Algorithm）和量子架构（Quantum Architecture）的研发，合称为 QAAA 规划。目前已经初步建成由量脉、量桨以及量易伏三大项目为主体的百度量子平台，旨在提供全面的量子基础设施即服务（Quantum Infrastructure as a Service，QaaS）。

5.3 移动通信

移动通信指通过无线技术，在移动用户之间或移动用户与固定点用户之间进行信息传输和交换。移动通信技术的发展过程可分为 5 个阶段：1G、2G、3G、4G 和 5G。

1. 1G

20 世纪 80 年代诞生了第一代（First Generation，1G）移动通信技术。1G 为模拟通信，通过频率调制技术，将语音信号加载到电磁波上，载波信号发送到空中，接收设备从载波信号中还原语音信号，即完成通话。1G 时代的主要通信工具为手提电话“大哥大”，代表为美国的摩托罗拉。

1G 因为采用模拟信号，存在信号容易被干扰、语音品质低、传输距离短、通话时容易串音等诸多缺点。

2. 2G

20 世纪 90 年代出现了第二代（Second Generation，2G）移动通信技术标准。为了弥补模拟通信的缺点，2G 引入了数字调频技术，在 1G 的基础

学习笔记

上增加了数据传输服务，彩信、手机报、壁纸、铃声成为新的热门服务。诺基亚取代了摩托罗拉，成为2G时代的代表公司。

2G时代的典型通信系统是全球移动通信系统(Global System for Mobile Communications，GSM)和码分多址(Code Division Multiple Access，CDMA)。GSM是欧洲电信标准组织(European Telecommunications Standards Institute，ETSI)制定的数字移动通信标准，其空中接口采用时分多址(Time Division Multiple Access，TMDA)技术。GSM具有安全性高、网络容量大、手机号码资源丰富、通话清晰、抗干扰性强、信息灵敏、通话死角少、手机耗电量低等诸多特点。CDMA采用扩频技术，在基带信号中增加了标识基站地址的伪随机码，大大增加了信号频谱。CDMA具有频谱利用率高、语音质量好、保密性强、掉话率低、电磁辐射小、容量大、覆盖广等诸多特点。

3. 3G

21世纪初出现第三代(Third Generation，3G)移动通信技术标准。3G相比于2G，信号频带更宽、传输速率更快，手机成为多媒体终端，人们可通过手机上网、收发电子邮件、视频通话、玩游戏。触摸屏手机、PAD、海量应用(Application，App)等不断出现和更新。苹果取代了诺基亚，成为3G时代的代表公司。

3G采用CDMA技术，主要的技术标准有CDMA2000、TD-SCDMA和WCDMA。

CDMA2000是国际电信联盟(International Telecommunications Union，ITU)的IMT-2000标准认可的无线电接口，向后兼容2G CDMA(也称IS-95)。

时分-同步码分多址(Time Division-Synchronous Code Division Multiple Access，TD-SCDMA)是由我国提出的无线通信国际标准，被ITU列为3G移动通信标准。

宽带码分多址(Wideband Code Division Multiple Access，WCDMA)是GSM的升级版本，其部分协议与2G GSM相同。

4. 4G

第四代(Fourth Generation，4G)移动通信技术又称广带接入分布式网络，集成了3G和WLAN技术，速度更快、信号频带更宽。4G的下行速度可达100～150Mbti/s，当传输速率稳定在100Mbit/s时，每个信道的频带为100MHz，是3G的20倍。

4G的核心技术包括软件无线电技术、正交频分复用技术、智能天线技术、IPv6技术等。

苹果依然是4G时代的代表公司，但一些新兴公司也不断出现，如华为、小米、字节跳动、滴滴、美团等。4G时代还出现了新的移动支付方式，如支

学习笔记

付宝、微信支付等。

5. 5G

第五代（Fifth Generation，5G）移动通信技术的速度已经很快，但它存在一个缺点：网络拥塞。5G 通过加大带宽、利用毫米波、大规模多输入多输出、3D 波束成形、小基站等技术，实现了比 4G 更快的速度、更低的时延、更低的功耗和更大的带宽，可以同时连接海量设备。

2013 年 2 月，欧盟宣布加快发展 5G 技术。

2013 年 5 月，韩国三星公司宣布成功开发出 5G 核心技术。

2014 年 5 月，日本电信运营商 NTT DoCoMo 宣布开始测试 5G 网络。

2015 年 9 月，美国移动运营商 Verizon 宣布从 2016 年开始试用 5G 网络。

2016 年 1 月，我国工信部在北京召开 5G 技术研发试验启动会。根据总体规划，我国 5G 技术研发试验将在 2016—2018 年进行，分为 5G 关键技术试验、5G 技术方案验证和 5G 系统验证 3 个阶段实施。

2017 年 11 月，我国工信部发布《工业和信息化部关于第五代移动通信系统使用 3300—3600MHz 和 4800—5000MHz 频段相关事宜的通知》，确定 5G 中频频谱。2017 年 11 月下旬我国工信部发布通知，正式启动 5G 技术研发试验第三阶段工作，并力争于 2018 年年底前实现第三阶段试验基本目标。

2018 年 2 月，华为在 MWC2018 大展上发布了首款 5G 商用芯片巴龙 5G01 和基于该芯片的首款 5G 商用终端，支持全球主流 5G 频段，理论上可实现最高 2.3Gbit/s 的数据下载速率。2018 年 8 月，奥迪与爱立信宣布，计划率先将 5G 技术用于汽车生产。2018 年 11 月 21 日，重庆首个 5G 连续覆盖试验区建设完成，5G 远程驾驶、5G 无人机、虚拟现实（Virtual Reality，VR）等多项 5G 应用同时亮相。

2019 年 6 月 6 日，我国工信部正式向中国电信、中国移动、中国联通、中国广电发放 5G 商用牌照，我国正式进入 5G 商用元年。2019 年 10 月 31 日，三大运营商公布 5G 商用套餐，并于 11 月 1 日正式上线 5G 商用套餐。

5G 是跨时代的技术，它除了拥有更极致的体验和更大的容量，还将开启物联网时代，并渗透至各个行业。5G 的典型应用场景包括云端虚拟现实/增强现实（Augmented Reality，AR）、远程驾驶、自动驾驶、智能制造、无线机器人云端控制、智能电网、远程医疗、超高清 8K 视频、云游戏、联网无人机、超高清/全景直播、AI 辅助智能头盔、AI 城市视频监控等。

5.4 物联网

物联网（Internet of Things，IoT）指“万物相连的互联网”，这意味着

学习笔记

物联网是在互联网的基础上实现物品与物品之间的信息交换和通信。国际电信联盟将物联网定义为：通过二维码读取设备、射频识别（Radio Frequency Identification，RFID）装置、红外线感应器、全球定位系统和激光扫描器等信息传感设备，按照既定协议，把任何物品与互联网连接，进行信息交换和通信，以实现智能识别、定位、跟踪、监控和管理的一种网络。

1. 物联网的主要特征

物联网的主要特征包括整体感知、可靠传输和智能处理。

- 整体感知指利用 RFID、二维码、智能传感器等获取物体信息。
- 可靠传输指通过网络实时、准确地传输物体信息。
- 智能处理指使用各种智能技术，对物体信息进行分析处理，实现监测和智能控制。

2. 物联网的基本架构

物联网的基本架构包含感知层、网络层和应用层，如图 5-1 所示。

图 5-1　物联网的基本架构

感知层通过 RFID、传感器、摄像头、二维码、M2M 终端等各种设备，获取物体的信息，或者向物体传送控制信息。网络层通过 Internet、移动网络、Wi-Fi、ZigBee、电力载波等多种渠道传送感知层获取的信息。应用层主要实现物联网的系统功能，为用户提供服务，如智能家居、智慧交通、智能电网、智能医疗、智能物流等。

3. 物联网技术介绍

物联网涉及多种技术领域，本小节主要介绍 RFID、传感技术、M2M、二维码、ZigBee。

（1）RFID

射频识别技术（Radio Frequency Identification，RFID）通过射频信号传送物体信息。RFID 应用系统由传送器、接收器、微处理器和天线等部分组成。传送器、接收器、微处理器通常封装在一起，称为读写器。天线安装在读写器和电子标签中，用于传输和接收信号。电子标签包含天线和芯片，芯片用来保存物品信息。当电子标签进入感应区域时，读写器可通过天线获取电子标签芯片中的物品信息。

学习笔记

（2）传感技术

传感技术与计算机技术和通信技术一起被称为信息技术的三大支柱。传感技术即传感器技术，它使用传感器感知周围环境或特殊物质，获取环境或物质的相关信息。例如，使用传感器采集温度、湿度、气体浓度、光线强度等信息。

（3）M2M

机器对机器（Machine to Machine，M2M）指机器与机器间的信息传递。M2M 应用系统通常包含机器、M2M 硬件、M2M 通信网络和 M2M 中间件。

M2M 硬件指提供远程通信和联网能力的部件，如传感器、调制解调器、RFID 等。

M2M 通信网络负责将来自机器的数据传输到指定位置，网络可以是移动互联网、Internet、局域网、ZigBee、传感器网络等。

M2M 中间件主要用于完成不同通信协议之间的转换，将来自通信网络的数据传递给信息处理系统。

（4）二维码

二维码也称二维条形码。二维码在日常生活中随处可见。例如，商场中的商品可使用二维码记录价格、商品类别等信息。

一维条形码通常只承载数字编码，二维码可承载数字、文字、图像等多种信息。二维码用特定的几何图形按一定规律在平面上形成黑白分布的、记录数据信息的图形，可使用图像输入设备或光电扫描设备自动识别和读取其中的信息。

手机和移动网络的普及也推动了二维码的广泛应用。使用手机扫描二维码，可实现网页浏览、文件下载、网络支付、食品溯源等多种功能。

（5）ZigBee

蜂舞协议（ZigBee）是一种低速短距离传输的无线网络协议。ZigBee 的主要特点包括低功耗、低成本、低速率、近距离、短时延、容量大、安全性高、免执照频段等。

ZigBee 已成为物联网的主流技术，广泛应用于智能家居、智慧交通、智能物流等多个领域。

5.5 区块链

1. 区块链的定义

工信部指导发布的《中国区块链技术和应用发展白皮书》对“区块链”进行了定义：分布式数据存储、点对点传输、共识机制、加密算法等计算机技术的新型应用模式。

区块链技术包含分布式账本、非对称加密、共识算法、智能合约等多种技

学习笔记

术，具有去中心化、共识可信、不可篡改、可追溯等特性。数字货币是区块链的一个典型应用。

区块链包括下列基本概念。

- 交易：指使分布式账本状态发生改变的操作，如添加记录、转账记录等。
- 区块：主要由一段时间内的交易记录、标识前一区块的唯一哈希值、时间戳以及其他信息构成。
- 链：一个个区块按时间顺序连接形成的数据链。

2. 发展过程及应用领域

2008 年 11 月 1 日，一位化名为“中本聪”（Satoshi Nakamoto）的学者发表了关于电子现金系统的文章，阐述了基于 P2P 网络技术、加密技术、时间戳技术、区块链技术等技术的电子现金系统的构架理念，首次提出了区块链的概念。

区块链发展至今，可分为 3 个阶段：区块链 1.0、区块链 2.0 和区块链 3.0。

- 区块链 1.0：应用以数字货币为代表，主要技术包括分布式账本、块链式数据、梅克尔树、工作量证明等。
- 区块链 2.0：主要应用于金融或经济市场，主要技术包括智能合约、虚拟机、去中心化应用等。
- 区块链 3.0：区块链与大数据、人工智能等新技术融合，主要应用于身份认证、公证、仲裁、审计、物流、医疗、签证、投票等多个社会治理领域。

5.6 大数据

1. 大数据的定义

大数据（Big Data），或称巨量资料，指的是所涉及的资料量规模巨大到无法通过主流软件工具，在合理时间内达到获取、管理、处理并整理成为帮助企业经营决策更积极目的的资讯。大数据的处理需要特殊的技术，为有效地处理大量的数据，主要的技术有大规模并行处理数据库、数据挖掘、分布式文件系统、分布式数据库、云计算平台、互联网和可扩展的存储系统等。

2. 大数据的主要特征

大数据特征定义为 4V，即规模性（Volume）、高速性（Velocity）、多样性（Variety）和价值性（Value）。

- 规模性。规模性指巨大的数据量及其规模的完整性。非结构化数据的规模比结构化数据增长快，数据的存储量和产生量巨大，数据具有完整性。
- 高速性。与传统数据相比，大数据对处理数据的响应速度有更严格的要求。大数据要求能够在第一时间捕捉到事件发生的信息，当有大量数据输入

学习笔记

或必须做出反应时能够迅速对数据进行分析。

- 多样性。多样性指大数据包含多种途径来源的关系和非关系数据。数据有很多不同的形式，除了简单的文本分析外，还可以对机器数据、图像、视频、点击流，以及其他任何可用的信息进行分析。利用大数据多样性的原理就是保留一切有用的、需要的信息，丢弃那些不需要的信息；发现那些有关联的数据，并加以收集、分析、加工，使其变成可以利用的信息。
- 价值性。合理利用价值密度低的数据并对其进行正确、准确的分析，将会带来很高的价值回报。

3. 发展历程与重大事件

2005 年 Hadoop 项目诞生。Hadoop 最初只是雅虎公司用来解决网页搜索问题的一个项目，后来因其技术的高效性，被 Apache Software Foundation 公司引入并成为开源应用。

2011 年 11 月，我国工信部发布的《物联网“十二五”发展规划》中提出把信息处理技术作为 4 项关键技术创新工程之一，其中包括海量数据存储、数据挖掘、图像视频智能分析等，这都是大数据的重要组成部分。

2012 年 7 月，为挖掘大数据的价值，阿里巴巴集团在管理层设立“首席数据官”一职，负责全面推进“数据分享平台”战略，并推出大型的数据分享平台——“聚石塔”，为天猫、淘宝平台上的电商及电商服务商等提供数据云服务。

2014 年 5 月，美国白宫发布了 2014 年全球“大数据”白皮书的研究报告《大数据：抓住机遇、守护价值》，报告鼓励使用数据以推动社会进步。

2015 年 8 月 31 日，国务院以国发〔2015〕50 号印发《促进大数据发展行动纲要》。该纲要明确要推动大数据发展和应用，在未来 5 至 10 年打造精准治理、多方协作的社会治理新模式，建立运行平稳、安全高效的经济运行新机制。这标志着大数据正式上升到国家战略。

5.7 云计算

1. 云计算的定义

云计算（Cloud Computing）是分布式计算的一种，指的是通过网络“云”将巨大的数据计算处理程序分解成无数个小程序，然后，通过多个服务器组成的系统处理和分析这些小程序得到结果并返回给用户。

“云”实质上就是一个网络，狭义上讲，云计算就是一种提供资源的网络，使用者可以随时获取“云”上的资源，按需求量使用，并且可以看成可无限扩展的，只要按使用量付费就可以，“云”就像自来水厂一样，我们可以随时接水，并且不限量，按照自己家的用水量，付费给自来水厂就可以。

学习笔记

从广义上说，云计算是与信息技术、软件、互联网相关的一种服务，云计算把许多计算资源集合起来，通过软件实现自动化管理，只需要很少的人参与，就能让资源被快速使用。也就是说，计算能力作为一种商品，可以在互联网上进行流通，就像水、电、煤气一样，可以方便地取用，且价格较为低廉。

总之，云计算不是一种全新的网络技术，而是一种全新的网络应用概念。云计算的核心概念就是以互联网为中心，在网站上提供快速且安全的云计算服务与数据存储，让每一个使用互联网的人都可以使用网络上庞大的计算资源与数据中心。

2. 云计算的特点

云计算的可贵之处在于高灵活性、高可扩展性和高性价比等。与传统的网络应用模式相比，其具有如下优势与特点。

- 虚拟化技术。必须强调的是，虚拟化突破了时间、空间的界限，是云计算最为显著的特点之一，虚拟化技术包括应用虚拟和资源虚拟两种。众所周知，虚拟平台与应用部署的环境在空间上是没有任何联系的，用户正是通过虚拟平台对相应终端操作以完成数据备份、迁移和扩展等。
- 动态可扩展。云计算具有高效的运算能力，在原有服务器基础上增加云计算功能能够使计算速度迅速提高，最终实现动态扩展虚拟化的层次以达到对应用进行扩展的目的。
- 按需部署。计算机包含许多应用、程序软件等，不同的应用对应的数据资源库不同，所以用户运行不同的应用需要较强的计算能力对资源进行部署，而云计算平台能够根据用户的需求快速配备计算能力及资源。
- 灵活性高。目前市场上大多数 IT 资源、软硬件都支持虚拟化，比如存储网络、操作系统和开发软、硬件等。虚拟化要素统一放在云系统资源虚拟池中进行管理，可见云计算的兼容性非常强，不仅可以兼容低配置机器、不同厂商的硬件产品，还能够使外部设备获得更高性能的计算能力。
- 可靠性高。即使服务器出现故障也不影响计算与应用的正常运行。因为单点服务器出现故障可以通过虚拟化技术将分布在不同物理服务器上的应用进行恢复或利用动态扩展功能部署新的服务器进行计算。
- 性价比高。将资源放在虚拟资源池中统一管理在一定程度上优化了物理资源，用户不再需要昂贵、存储空间大的主机，可以选择相对廉价的 PC 组成云，一方面减少费用，另一方面计算性能不逊于大型主机。
- 高可扩展性。用户可以利用应用软件的快速部署条件来更为简单快捷地将自身所需的已有业务以及新业务进行扩展。例如，计算机云计算系统中出现设备故障，对于用户来说，无论是在计算机层面上，抑或是在具体应用上均不会受到影响，可以利用计算机云计算具有的动态扩展功能来对其他服务器开展有效扩展。这样一来就能够确保任务得以有序完成。在对虚拟化资源进行动态扩展的情况下，能够同时高效扩展应用，提高计算机云计算的操作水平。

学习笔记

3. 云计算的服务类型

云计算的服务类型分为 3 类，即基础设施即服务（Infrastructure as a Service，IaaS）、平台即服务（Platform as a Service，PaaS）和软件即服务（Software as a Service，SaaS）。

（1）基础设施即服务

基础设施即服务是主要的服务类别之一，它向云计算提供商的个人或组织提供虚拟化计算资源，如虚拟机、存储、网络和操作系统等。

（2）平台即服务

平台即服务是一种服务类别，为开发人员提供通过互联网构建应用程序和服务的平台。平台即服务为开发、测试和管理软件应用程序提供按需开发环境。

（3）软件即服务

软件即服务也是其服务的一类，通过互联网按需提供付费软件应用程序，云计算提供商托管和管理软件应用程序，并允许其用户连接到应用程序并通过互联网访问应用程序。

5.8 数字媒体

1. 数字媒体的定义

数字媒体是一种新型的媒体，其采用二进制数形式完成对信息载体的获取、记录、处理与传播，涉及多种感觉媒体，如数字化的视频、文字、图像、图形、声音等，还与实物媒体、逻辑媒体等密切相关。在新媒体时代，数字媒体在技术革新浪潮的推动下，也不断发展与进步。数字媒体顾名思义就是数字媒体技术与艺术的融合。目前我国学术界对于数字媒体的研究有很多，例如，刘慧芬在《数字媒体——技术·应用·设计》中提出数字媒体就是采取数字化的方式通过计算机技术产生的信息媒体。

数字媒体是指基于数字技术和互联网平台，通过数字化、网络化、智能化手段，创作、生产、传播和消费各种形式的媒体内容和服务的产业。随着大数据技术的不断发展，数字媒体产业已经成为推动经济发展的重要支柱力量。据不完全数据统计，我国数字媒体产业已经成为新兴产业发展的重要组成部分。数字媒体将以更加先进的技术占据艺术市场，并将推动经济可持续发展。

2. 数字媒体的特性

（1）交互性

要实现传播的交互性，在模拟环节的实践是非常困难的，然而在数字领域中就简单得多。所以，数字媒体的一个显著特点，是具有计算机的“人机交互作用”。数字媒体实际上就是以网络或者信息终端为传播介质的传播媒体。

学习笔记

（2）趣味性

随着网络化的发展，当今人们的娱乐方式变得更加丰富多彩，互联网、数字游戏、数字电视、移动媒体等新型娱乐形式给人们提供了多种选择，媒体的趣味性因为数字技术的发展得到了超乎想象的发展。

（3）集成性

集成性主要表现为多种媒体信息（如文字、图像、动画、声音等）的集成，即将各种信息媒体按照一定的数据模型和组织结构集成为一个有机的整体，来传情达意，更形象地实现信息的传播。

（4）技术与艺术的融合

数字媒体在信息技术与人文艺术领域之间架起了桥梁，而数字媒体的传播需要信息技术与人文艺术的融合。例如，在开发多媒体产品时，技术专家要负责技术规划，艺术家或者设计师要负责可视化的内容，满足用户的体验。

3. 数字媒体的核心技术

数字媒体产业发展的关键是依托计算机技术实现与艺术的融合，以此形成规模化的现代艺术产业。推动数字媒体产业发展需要做好以下关键性的技术。

（1）数字图像处理技术

数字图像处理技术是利用计算机技术将原始图像通过数字化的方式转化为数字信号，然后按照不同的形式展现出来的技术。推动数字媒体产业发展的核心技术之一是数字图像处理技术，应用该技术能保证各种艺术作品以动态的形式展现出来。例如，三维动画的制作就是以数字图像处理技术为基础的，通过将图像取样、量化编码后进行高效压缩，以此转化为计算机播放画面。

（2）数字音频处理技术

数字音频处理技术就是利用特定的技术将模拟的声音信号经过取样、量化等转化为数字音频信号，以此传递给人们。数字音频处理技术是数字媒体产业发展的基础，是加强数字媒体产品与人们互动交流的基础。例如，现代影视作品、舞台设计等都离不开数字音频处理技术。

（3）计算机图形技术

计算机图形技术主要应用在娱乐等方面的数字媒体产业中，计算机图形技术主要是通过运用计算机等设备绘制图形的技术。计算机图形技术在数字媒体产业中的应用主要集中在两方面。一是计算机图形技术应用在虚拟环境中。例如，在影视作品中计算机图形技术可以为影视作品营造不同的虚拟场景，增强了数字媒体产品的艺术性。二是计算机图形技术能够实现图像的变化，如改变图像的外观、颜色等。

（4）数字媒体信息获取与输出技术

数字媒体信息的获取是数字媒体信息处理的基础，其关键技术主要包括声音和图像等信息获取技术、人机交互技术等。数字媒体信息的输出技术是将数

学习笔记

字信息转化为人类可感知的信息，其主要目的是为数字媒体内容提供更丰富、人性化和交互的界面。主要技术包括显示技术、硬拷贝技术、声音系统，以及用于虚拟现实技术的三维显示技术等。

（5）大数据技术

大数据技术是数字媒体产业发展的基础，也是现代数字媒体产业的核心。现代数字媒体产业的信息化程度越来越高，适应市场受众的能力越来越强。数字媒体产业依托大数据技术可实现数字媒体产品的跨时空性。通过大数据技术不仅可以将已有的数据信息还原，而且还能准确地推算出未来的发展信息。例如，在现代影视作品中，通过大数据技术对作品人物面部骨骼、营养学等方面的计算可以展现出其老年时的样子。

5.9 虚拟现实

1. 虚拟现实的定义

迄今为止，学界对虚拟现实（VR）技术尚未给出统一的定义，存在着 3 种不同的观点与认识。以刘光然为代表的学者将 VR 技术看作媒介的一种形式，这种媒介由交互式计算机仿真组成， 它能够感知参与者的位置，捕捉参与者的动作信息，替代或者增强一种或者多种感官反馈，从而产生一种精神沉浸于或出现在仿真环境（虚拟世界）中的感觉。 第二种观点是从数字环境视角来看，赵沁平认为 VR 是在一定范围与真实环境在视、听、触感等方面高度近似的数字化环境，用户借助一定的设备与数字化环境中的对象进行交互，从而产生对应真实环境的直观感受和体验。第三种观点则认为 VR 技术是计算机技术的拓展，是综合了三维图形生成技术、多传感交互技术以及高分辨显示技术等为一体的科学技术。

2. 虚拟现实的特征

布鲁代亚（Burdea G.）和菲利普·夸费（Philippe Coiffet）在 1994 年提出了想象性（Imagination）、交互性（Interaction）和沉浸性（Immersion）3 个 VR 基本特征，即 VR 的“3I”特征。其中， 想象性是指 VR 技术使得理性与感性相结合，可以创建人为想象出来的场景或事物，促使人们深化概念，创造想法；交互性是指使用者不用借助鼠标、键盘等工具，以自然方式与虚拟环境进行互动，同时，虚拟环境可以通过多重感官给予使用者反馈；沉浸性则强调了使用者从观察者到参与者身份的转变，使用者能够身临其境，感受到自己是虚拟世界中的一部分，在使用过程中更具有主动性。

3. 虚拟现实的发展史

（1）1935 年至 1961 年：概念萌芽期

1935 年，小说作家斯坦利·温鲍姆（Stanley Weinbaum）在小说中描述了一款 VR 眼镜，提出了包括视觉、嗅觉、触觉等全方位沉浸式体验的 VR

学习笔记

概念。该小说被认为是世界上最早提出 VR 概念的作品。

（2）1962 年至 1993 年：研发与军用阶段

1962 年，摩登·海里戈（Morton Helig）研发出第一台 VR 原形机，后来被用来进行模拟飞行训练。该阶段的 VR 技术仍仅限于研究，并没有生产出能交付到使用者手上的产品。

（3）1994 年至 2015 年：产品迭代初期

1994 年，日本游戏公司世嘉和任天堂分别针对游戏产业陆续推出世嘉 VR-1 和 Virtual Boy 等产品，在当时的确在业内引起了不小的轰动。不过，因为设备成本高，内容应用水平一般，最终普及率并不高。

（4）2016 年起：产品成型爆发期

随着 Oculus、HTC、索尼等一线大厂多年的付出与努力，VR 产品在 2016 年迎来了一次大爆发。这一阶段的产品拥有更亲民的设备定价、更强大的内容体验与交互手段，辅以强大的资本支持与市场推广，整个 VR 行业正式进入爆发式成长期。

4. 虚拟现实技术的分类

（1）虚拟现实（VR）

VR 技术又称灵境技术，具有沉浸性、交互性和构想性等特征。VR 技术集合了计算机图形学、仿真技术、多媒体技术、人工智能技术、计算机网络技术、并行处理技术和多传感器技术等多种技术，模拟人的视觉、听觉、触觉等感觉器官的功能，使人恍若身临其境，沉浸在计算机生成的虚拟世界中，并能通过语言、手势等进行实时交流，增强沉浸感。通过 VR 技术，能让人突破时空等条件限制，感受到进入虚拟世界的奇妙体验。

VR 技术的应用十分广泛，如宇航员利用 VR 技术进行训练；建筑师将图纸制作成三维虚拟建筑物，方便体验与修改；房地产商让客户能身临其境地参观房屋；娱乐业制作的虚拟舞台场景等。

（2）增强现实（Augmented Reality，AR）

AR 技术是 VR 技术的延伸，能够把计算机生成的虚拟信息（物体、图片、视频、音频、系统提示信息等）叠加到现实场景中并与人实现互动。简而言之，AR 对于 VR 就是“锦上添花”。在 AR 中，用户既能看到现实场景，又能看到虚拟事物。

AR 技术的常见应用，是利用手机摄像头，扫描现实世界的物体，通过图像识别技术在手机上显示对应的图片、音视频、3D 模型等。如一些软件的“AR 红包”功能等。而更深层次的 AR 技术应用仍在探索中。

（3）混合现实（Mixed Reality，MR）

MR 技术是 VR 技术的进一步发展。它是通过在虚拟环境中引入现实场景信息，在虚拟世界、现实场景和用户之间搭起一个交互反馈信息的桥梁，从而

学习笔记

增强用户体验的真实感。MR 技术是 AR 技术的升级，它将虚拟世界和现实场景合成一个无缝衔接的虚实融合世界，其中的物理实体和数字对象满足真实的三维投影关系。简而言之，就是“实幻交织”。在 MR 中，用户难以分辨现实场景与虚拟世界的边界。

（4）扩展现实（Extended Reality，XR）

XR 是指通过计算机将真实与虚拟相结合，打造一个可人机交互的虚拟环境。XR 是将 AR、VR、MR 结合在一起的综合性术语。XR 通过将三者的视觉交互技术融合，为体验者带来虚拟世界与现实场景之间无缝转换的“沉浸感”。

（5）云端现实（Cloud Reality，CR）

CR 采用数字孪生技术，是一种将现实场景数字化，从而创造出一个与现实场景 1∶1 的云端数字世界的全新技术。在 CR 中，体验者不仅可以感受到与现实场景别无二致的环境效果，还可以进行数字场景互动交互；同时，CR 还可实现对过去甚至未来现实的还原，人们可沉浸于 CR 构建的现实还原场景进行感知与互动体验，并深度完成对未知现实的探索和调研。

5.10 习题

一、单项选择题

1. 提出“机器学习”概念的学者是（　　）。

A. 约翰·麦卡锡　　B. 马文·明斯基

C. 克劳德·香农　　D. 阿瑟·萨缪尔

2. 世界上第一个量子科学实验卫星发射于（　　）。

A. 2016 年　B. 2017 年　C. 2019 年　D. 2021 年

3. 数字调频技术是在（　　）中引入的移动通信技术。

A. 1G　B. 2G　C. 3G　D. 4G

二、简答题

1. 请问人工智能研究流派主要有哪些？
2. 请问移动通信技术的发展可分为哪几个阶段？
3. 请问大数据的主要特征有哪些？
4. 请问云计算有哪些服务类型？
5. 请问推动数字媒体产业发展需要做好的关键性技术有哪些？
6. 请问虚拟现实有哪些技术分类？

第6章 信息素养与社会责任

06

学习笔记

6.1 信息素养

6.1.1 信息素养概念

信息素养（Information Literacy，IL）也称为信息素质，最早由美国信息产业协会主席保罗·泽考斯基（Paul Zurkowski）在 1974 年提出，其定义为“利用大量的信息工具及主要信息源使问题得到解答的技能”。而具有信息素养的人是指那些在如何将信息资源应用到工作中这一方面得到了良好训练的人。有信息素养的人已经习得了使用各种信息工具和主要信息源的技术和能力，以形成信息解决方案来解决问题。

信息素养是一种综合能力，即对信息的反思性发现，理解信息的产生及对其评价，利用信息创造新知识，在遵守社会公德的前提下，加入学习交流社区。

我国目前公认的关于信息素养的定义为：信息素养应该包含信息技术操作能力、对信息内容的批判与理解能力，以及对信息的有效运用能力。从技术学视角看，信息素养应定位在信息处理能力；从心理学视角看，信息素养应定位在信息问题解决能力；从社会学视角看，信息素养应定位在信息交流能力；从文化学视角看，信息素养应定位在信息文化的多重建构能力。

6.1.2 信息素养组成

信息素养是一种个人综合能力素养，同时又是一种个人基本素养。在信息化社会中，获取信息、利用信息、开发信息是对现代人的一种基本要求，是信息化社会中人们必须终身掌握的技能。信息素养是在信息化社会中个体成员所具有的各种信息品质，一般而言，信息素养的组成要素主要包括信息意识、信息知识、信息能力和信息道德。

为了更好地理解信息素养的概念，下面从信息意识、信息知识、信息能力

学习笔记

和信息道德 4 个信息素养要素组成的角度进一步了解信息素养。

1. 信息意识

信息意识是指对信息、信息问题的洞察力和敏感程度，体现的是捕捉、分析、判断信息的能力。具体来说，就是人作为信息的主体在信息活动中产生的知识、观点和理论的总和。它包括两方面的含义：一方面是指信息主体对信息的认识过程，也就是人对自身的信息需要、信息的社会价值、人的活动与信息的关系，以及社会信息环境等方面的自觉心理反应；另一方面是指信息主体对信息的评价过程，包括对待信息的态度和对信息质量的变化等所做的评估，并能以此指导个人的信息行为。信息意识的强弱表现为对信息的感受力的大小，它直接影响到信息主体的信息行为与行为效果。

信息时代处处蕴藏着各种信息，能否充分地利用现有信息，是人们信息意识强弱的重要体现。发现信息、捕获信息，想到用信息技术去解决问题，是信息意识的表现。信息意识的强弱决定着人们捕捉、判断和利用信息的自觉程度，影响着人们利用信息的能力和效果。信息意识是可以培养的，经过教育和实践，人的信息意识可以由被动地接受状态转变为自觉活跃的主动状态，而被“激活”的信息意识又可以进一步推动对信息技能的学习和训练。

2. 信息知识

信息知识是人们在利用信息技术工具、拓展信息传播途径、提高信息交流效率过程中积累的认识和经验的总和，是信息素养的基础，是进行各种信息行为的原材料和工具。信息知识既包括专业性知识，又包括技术性知识；既是信息科学技术的理论基础，又是学习信息技术的基本要求。只有掌握了信息知识，才能更好地理解与应用它。信息知识主要包括以下几方面。

（1）传统文化素养

传统文化素养包括读、写、算的能力。尽管进入信息时代之后，读、写、算方式产生了巨大的变革，被赋予了新的含义，但传统的读、写、算能力仍然是人们文化素养的基础。信息素养是传统文化素养的延伸和拓展。

（2）信息的基本知识

信息的基本知识包括信息的理论知识，对信息、信息化的性质、信息化社会及其对人类影响的认识和理解。

（3）现代信息技术知识

现代信息技术知识主要包括新一代信息技术的原理、作用、发展趋势等。

3. 信息能力

信息能力是指人们有效利用信息知识、技术和工具来获取、分析与处理信息，以及创新和交流信息的能力。信息能力是信息素养最核心的组成要素，主要包括信息知识的获取能力、信息资源的评价能力、信息处理与利用能力、信息创新能力等能力。

学习笔记

（1）信息知识的获取能力

信息知识的获取能力是指用户根据自身的需求并通过各种途径和信息工具，熟练运用阅读、访问、检索等方法获取信息的能力。

（2）信息资源的评价能力

互联网中的信息资源不可计量，因此用户需要对搜索到的信息的价值进行评估，并取其精华，去其糟粕。评价信息的主要指标包括准确性、权威性、时效性、易获取性等。

（3）信息处理与利用能力

信息处理与利用能力是指用户通过网络找到自己所需的信息后，利用工具对其进行归纳、分类、整理的能力。例如，将搜索到的信息分门别类地存储到百度云工具中，并注明时间和主题，待需要时再使用。

（4）信息创新能力

信息创新能力是指用户对已有信息进行分析并结合自己所学的知识，发现创新之处并进行研究，最后实现知识创新的能力。

能否采取适当的方式方法，选择适合的信息技术及工具，通过恰当的途径去解决问题，取决于个人有没有信息能力了。如果只是具有强烈的信息意识和丰富的信息知识，却无法有效地利用各种信息工具去搜集、获取、传递、加工、处理有价值的信息，也无法适应信息时代的要求。

4. 信息道德

信息道德是指在信息的采集、加工、存储、传播和利用等环节中，用来规范人们的各种信息行为的道德意识、道德规范和道德行为的总和。它通过社会舆论、传统习俗等，使人们形成一定的信念、价值观和习惯，从而使人们自觉地通过自己的判断规范自己的信息行为。

信息道德在潜移默化中规范人们的信息行为，使其符合信息社会基本的价值规范和道德准则，从而使社会信息活动中个人与他人、个人与社会的关系变得和谐与完善，并最终对个人和组织等信息行为主体的各种信息行为产生约束或激励作用。同时，信息政策和信息法律的制定及实施必须考虑现实社会的道德基础，所以说，信息道德是信息政策和信息法律建立和发挥作用的基础。

信息道德以其巨大的约束力在潜移默化中规范人们的信息行为，主要包括以下内容。

（1）遵守信息法律法规

要了解与信息活动有关的法律法规，培养遵纪守法的观念，养成在信息活动中遵纪守法的意识与行为习惯。

（2）抵制不良信息

提高判断是非、善恶和美丑的能力，能够自觉选择正确信息，抵制垃圾信

学习笔记

息、黄色信息、反动信息等多种不良信息。

（3）批评与抵制不道德的信息行为

培养信息评价能力，认识到维护信息活动的正常秩序是每个人应承担的责任，对不符合社会信息道德规范的行为应坚决予以批评和抵制，营造积极的舆论氛围。

（4）不损害他人利益

个人的信息活动应以不损害他人的正当利益为原则，要尊重他人的财产权、知识产权，不使用未经授权的信息资源、尊重他人的隐私、保守他人秘密、信守承诺、不损人利己。

（5）不随意发布信息

个人应对自己发出的信息承担责任，应清楚自己发布的信息可能产生的后果，应慎重表达自己的观点和看法，不能不负责任或信口开河，更不能有意传播虚假信息、流言等误导他人。

总之，信息素养的 4 个组成要素共同构成一个不可分割的统一整体，可归纳为：信息意识是前提，决定一个人是否能够想到用信息和信息技术；信息知识是基础；信息能力是核心，决定一个人能不能把想到的做到、做好；信息道德则是保证、准则，决定一个人在做事的过程中能不能遵守信息道德规范、合乎信息伦理。

6.1.3 树立正确的职业理念

职业理念是人们从事职业工作时形成的职业意识，在特定情况下，这种职业意识也可以理解为职业价值观。树立正确的职业理念，对个人、对单位、对社会、对国家都是非常有益的。

1. 职业理念的作用

职业理念可以指导我们的职业行为，让我们感受到工作带来的快乐，使我们在职场上不断进步。

（1）指导我们的职业行为

职业行为一般都是在一定的职业理念指导下形成的，它会对企业管理产生实质性的影响。例如，如果我们对职业安全不以为意，对工作中可能存在的潜在危险就会浑然不知，这可能会导致危险事件发生。相反，如果我们的职业理念告诉我们应该重视生产生活安全，那么发生事故的概率就会大幅降低。

（2）让我们感受到工作带来的快乐

工作不仅为我们提供了经济来源，其产生的社交活动也是我们在现代社会中保持身心健康的一种因素。愉快地工作会减少我们的消极情绪，能够正确面对工作中遇到的困难，能够快速地成长。而只有树立了正确的职业理念，我们才可能感受到工作中的各种乐趣。

学习笔记

没有明确的职业理念，就没有明确的工作目标，工作时就会无精打采、不思进取，最终会对工作越来越厌倦，工作效率和质量自然越来越低。

（3）使我们在职场上不断进步

正确的职业理念对我们的职业生涯具有良好的指引作用，使我们能自觉地改变自己，跨上新的职业台阶。知识可以改变人的命运，职业理念则可以改变人的职业生涯。

2. 正确的职业理念

既然职业理念能产生如此积极的作用，那么什么样的职业理念才是正确的呢？

（1）职业理念应当是合时宜的

职业理念要和社会经济发展水平相适应，要适合企业所在地域的社会文化。如果脱离了企业所在地域的社会文化和价值观，生搬硬套某种所谓“先进”的职业理念，是无法产生积极作用的。

（2）职业理念应当是适时的

任何超前或滞后的职业理念都会影响我们的职业发展。企业处在什么样的发展阶段，我们就应该秉承适合企业当前发展阶段的职业理念。当企业向前发展时，如果我们的职业理念仍停留在原来的阶段，不学习也不改变，那么我们自然会跟不上企业的发展。同样，如果我们的职业理念过于超前，脱离了企业发展的实际，那么也无法发挥自己的能力。

（3）职业理念必须符合企业管理的目标

企业的成长过程实际上是企业管理目标的实现过程。我们只有充分了解企业管理的目标，才能构建与企业管理目标一致的职业理念。

6.2 信息技术发展史

信息技术发展至今，可分为 5 个阶段。

1. 第一阶段：语言的产生及发展

此阶段开始于后巴别塔时代，语言成为人类思想交流和信息传播不可或缺的工具。

2. 第二阶段：文字、造纸术、印刷术的发明和使用

此阶段开始于公元前 14 世纪左右，该阶段中，文字、造纸术和印刷术被发明，这使信息可以记载、保存，使信息的传播可以跨越时间和地域的限制。

3. 第三阶段：电报、电话、电视以及其他通信技术的发明和应用

此阶段开始于 19 世纪左右，电报、电话、电视的发明，使人们可以及时、实时地获取和交换信息。

学习笔记

4. 第四阶段：计算机的发明和应用

此阶段开始于 20 世纪 40 年代。1946 年，第一台通用电子数字计算机 ENIAC 的诞生，标志着人类社会跨入信息化时代。计算机的发明和应用，使信息处理和使用的效率大幅度提高。

5. 第五阶段：计算机网络的发展和应用

此阶段开始于 20 世纪 60 年代。1969 年，美国 ARPANET 的正式投入运营，标志着人类社会进入网络时代。Internet 的飞速发展，彻底将现代社会带入"信息大爆炸"的时代。

6.3 知名企业的兴衰变化

在现代信息社会中，信息技术已渗入人们生活的方方面面，信息技术的发展和社会的发展相互推动和促进。如何抓住影响社会变革的关键技术，影响着企业的发展前景。

1. 摩托罗拉的发展历程

摩托罗拉（Motorola Inc），原名高尔文制造公司（Galvin Manufacturing Corporation），成立于 1928 年，1947 年，改名为 Motorola，从 1930 年开始作为商标使用。摩托罗拉总部设在美国，摩托罗拉是世界财富百强企业之一，是全球芯片制造、电子通信的领导者。

1940 年，摩托罗拉研制用于战场上的报话机 SCR300。

1942 年，摩托罗拉研制出"手提式"对讲机 SCR536。

1946 年，摩托罗拉开始涉及手机行业，并在同年 1 月首次实现车载通话。

1956 年，摩托罗拉推出首款传呼机，摩托罗拉称之为"个人通信领域里的新标准"。

1973 年 4 月，摩托罗拉研制出第一款手机的原型机。

1983 年 4 月，摩托罗拉正式推出公认的第一部商业民用手机 DynaTAC 8000X，开启了现代手机发展史，也开启了摩托罗拉的"黄金时代"。摩托罗拉以其在无线通信领域的技术优势，垄断了第一代移动通信（模拟通信）市场。

20 世纪 80 年代末，摩托罗拉开启了"铱星计划"，该计划准备发射 77 颗卫星建立覆盖全球的卫星通信系统。该计划耗时十余年、投资 50 多亿美元、发射了 66 颗卫星，但最终以破产告终。摩托罗拉大力发展"铱星计划"的时期，正是第二代移动通信技术迅速发展的时期，"铱星计划"的大力投入，也使摩托罗拉在新手机研发上的进展缓慢，使其错过了和诺基亚竞争的最佳时期。摩托罗拉开始走下坡路，而诺基亚开始崛起。1998 年，摩托罗拉手机市场份额被诺基亚超越，失去"霸主"地位。

学习笔记

2001年，美国股市遭遇崩盘危机。2000年摩托罗拉的股票每股曾经超过100美元，2003年每股跌到不足8美元。2003年9月，摩托罗拉创始人保罗·高尔文（Paul Galvin）的孙子克里斯托弗·高尔文（Christopher Galvin）辞去摩托罗拉董事长职位，摩托罗拉从此结束了家族企业的历史。

2011年1月4日，摩托罗拉正式分拆为两个部门：摩托罗拉移动和摩托罗拉解决方案。

2011年8月15日，谷歌宣布将以总额约125亿美元收购摩托罗拉移动，并于2012年5月完成收购。2012年8月13日，摩托罗拉移动宣布全球裁员20%，并关闭1/3的办事处。

2014年1月29日，联想宣布将以29亿美元从谷歌手中收购摩托罗拉移动，并于2014年10月完成收购。

2. 诺基亚的发展历程

诺基亚公司（Nokia Corporation）总部位于芬兰，主要经营移动通信设备生产和相关服务。诺基亚成立于1865年，以伐木、造纸为主业，后发展成为手机制造商，以通信基础业务和先进技术研发及授权为主。

1982年，诺基亚生产了第一台北欧移动电话网移动电话Senator。

1992年10月，诺基亚推出了全球首款GSM同时也是全球首款可以收发短信的手机Nokia1011，这标志着“功能手机时代”的开始。

从1994年开始，诺基亚逐步裁掉除通信外的所有产品，全力主攻GSM产品，这一决策将诺基亚推上了长达十余年的手机“霸主”地位。

1996年，诺基亚推出第一款真正意义的功能机Nokia 9000，该款手机配有全键盘、可以上网、收发传真和电子邮件。

1998年，诺基亚推出了第一款内置游戏的手机Nokia 6110，内置的贪吃蛇游戏成为诺基亚手机的招牌游戏，也开始了“手机游戏时代”。1998年，诺基亚占据全球手机市场份额的22.5%，摩托罗拉为19.5%。诺基亚重视手机功能更新以及重视我国市场，使其在十余年的时间内，一直把持着市场份额第一的“宝座”。

2010年，诺基亚手机市场份额约为35%。随着谷歌推出手机Android系统，智能手机进入“群雄争霸”的时代。诺基亚对Android系统的上市反应缓慢，或者是不愿放弃将其带上辉煌之路的Symbian系统，诺基亚市场份额逐渐减少。

2011年，诺基亚的手机市场份额约为16%，被三星、苹果超越。2011年2月11日，诺基亚宣布与微软合作，放弃Symbian和MeeGo，采用微软Windows Phone系统。人们评价这一决策彻底将诺基亚推向没落。

2013年9月3日上午，微软宣布将以约71.7亿美元收购诺基亚手机业务，以及大批专利组合。2014年4月25日，微软宣布正式完成对诺基亚的收购。

学习笔记

6.4 国产化替代

如今，我国将科技创新放在了更加突出的位置，把科技自立自强作为国家发展的战略支撑。随着国家的研发投入力度进一步加大，市场从需求驱动型逐渐向技术驱动型转变，我国逐渐走上了国产替代化之路。

国产化替代指替代国外的垄断产品，主要包括 CPU、操作系统和高端数据库。

1. 替代以 Intel 架构为代表的 CPU

CPU 是计算机系统的核心，其重要性不言而喻。长期以来，Intel、AMD、IBM 等公司掌握着 CPU 研发和设计的核心技术。

我国 CPU 研发发展过程坎坷。“十二五”之后，在国家集成电路产业政策和大基金投资等多重措施支持下，一大批国产 CPU 设计单位成长起来，产品覆盖了高性能计算、桌面、移动和嵌入式等主要应用场景。但在 CPU 指令集这一核心技术上，主要还是依靠国际授权和技术合作。我国迫切需要使用国产 CPU 来代替以 Intel 架构为代表的 CPU。

近年来，我国也涌现了诸如华为海思、北大众志、龙芯等国产化 CPU 厂商。《2018—2019 年中央国家机关信息类产品（硬件）和空调产品协议供货采购项目征求意见公告》中，明确增加一项“国产芯片服务器”类别，将龙芯、飞腾等国产 CPU 纳入采购目录。同时，要求入选中央国家机关政府采购中心招标目录的所有笔记本电脑和台式机，都必须预装国产 Linux 操作系统。

2. 替代微软的 Windows 操作系统

操作系统是计算机系统的“大脑”，是计算机软件的核心。Windows 操作系统占据了国内操作系统市场的 90%以上。

中国工程院院士倪光南说“我们把国产开源的 Linux 操作系统加上国产的 CPU，来替代 Windows 操作系统加 Intel 架构的体系”。基于 Linux 进行二次开发，是目前我国操作系统发展的主要方向。目前，我国基于 Linux 二次开发的操作系统有十几家公司，包括银河麒麟、中标麒麟、深度、普华、中科方德、优麒麟等。

3. 替代高端数据库“IOE”

“IOE”分别指 IBM 服务器、Oracle 数据库、EMC 存储设备，从服务器到应用软件，IOE 渗透到我国的金融、通信、电力、航空等诸多重要领域。

IOE 替代的难度不亚于 CPU 和操作系统的国产化替代。目前，我国数据库主要有人大金仓公司的 KingbaseES、达梦公司的达梦数据库、东软集团

学习笔记

的OpenBASE、华为公司的GaussDB、腾讯公司的TDSQL等。

6.5 信息安全概述

6.5.1 信息安全概念

在现代信息社会，信息已成为一种重要的社会资源。信息安全是一门涉及网络技术、通信技术、密码技术、信息安全技术、数学、信息论等多个学科的综合性学科。信息安全不仅关系到人们的日常生活，也关系到国家、社会的安全和稳定。信息安全包括信息本身的安全和信息系统的安全。

1. 信息本身的安全

信息本身的安全指保证信息的机密性、完整性和可用性，避免意外损失或丢失信息，防止信息被窃取；保证信息传播的安全，防止和控制非法、有害信息的传播，维护社会道德、法规和国家利益。

- 信息的机密性：非授权用户不能访问信息。
- 信息的完整性：信息正确、完整、未被篡改。
- 信息的可用性：保证信息随时可以使用。

常见的需要保证安全的信息如下。

- 个人的姓名、身份证号码、住址、电话号码、照片、银行账号等个人信息。
- 企业、事业、机关单位的商业机密、技术发明、财务数据等需要保密的信息。
- 政府部门、科研机构、军事单位等与国家安全相关的需要保密的信息。

2. 信息系统的安全

信息系统的安全指保证存储、处理和传输信息的系统的安全，其重点是保证信息系统的正常运行，避免存储设备和传输网络发生故障、被破坏，避免系统被非法入侵。

信息系统的安全包括构成信息系统的计算机、存储设备、操作系统、应用软件、数据库、传输网络等各组成部分的安全。

6.5.2 信息安全威胁

信息安全威胁主要来源于物理环境、信息系统自身缺陷以及人为因素。

1. 来自物理环境的安全威胁

来自物理环境的安全威胁，主要包括自然灾害、辐射、电力系统故障等造成的自然的或意外的事故。例如，地震、火灾、水灾、雷击、静电、有害气体等对计算机系统的损害；电力系统停电、电压突变，导致系统停机、存储设备

学习笔记

损坏、网络传输数据丢失。

2. 因信息系统自身缺陷产生的安全威胁

信息系统自身包括硬件系统、软件系统等，这些组成部分存在的缺陷会产生安全威胁。

硬件系统的安全威胁主要来源于设计或质量缺陷。例如，因计算机的硬盘、电源或主板芯片发生故障，导致系统崩溃、数据丢失等。

软件系统包括操作系统、应用软件等，其设计缺陷、软件漏洞等容易被黑客或计算机病毒利用，给系统带来安全威胁。

3. 人为因素产生的安全威胁

人为因素产生的安全威胁主要包括内部攻击和外部攻击两大类。

内部攻击指系统内部合法用户故意或非故意行为造成的隐患或破坏。例如，内部人员非法窃取、盗卖数据；违规操作导致设备损坏、系统故障；系统密码设置简单导致增加系统被入侵风险。

外部攻击指来自系统外部的非法用户攻击。例如，冒充合法用户登录系统盗取或破坏数据；利用系统漏洞入侵系统。

6.5.3 信息安全技术

信息安全涉及信息的存储、处理、使用、传输等多个环节的理论和技术。常见的信息安全技术如下。

- 加密技术：对数据、文件、口令等机密数据进行加密，提高信息安全性。数据加密技术主要分为数据存储加密和数据传输加密。常见的加密算法有对称加密算法和非对称加密算法。
- 入侵检测技术：信息系统存在本地和网络入侵风险，入侵检测可帮助系统快速发现威胁。
- 防火墙技术：防火墙用于在本地网络和外部网络之间建立防御系统，仅允许安全、核准的信息进入本地网络，阻止存在威胁的信息访问和传递。
- 系统容灾技术：系统容灾技术可在系统遭受安全威胁及被破坏时，快速恢复系统数据和系统运行。数据备份和系统容错是系统容灾技术的主要研究内容。

6.5.4 信息安全法规

为了预防和打击犯罪，维护信息安全，我国出台了一系列信息安全法规。

1994 年 2 月 18 日，我国出台《中华人民共和国计算机信息系统安全保护条例》（国务院令第 147 号），这是我国第一部保护计算机信息系统安全的法规。

1996 年 2 月 1 日，我国出台《中华人民共和国计算机信息网络国际联网

学习笔记

管理暂行规定》。

1998 年 2 月 13 日，我国出台《中华人民共和国计算机信息网络国际联网管理暂行规定实施办法》。

2000 年 9 月 25 日，我国出台《中华人民共和国电信条例》《互联网信息服务管理办法》。

2002 年 9 月 29 日，我国出台《互联网上网服务营业场所管理条例》。

2006 年 5 月 18 日，我国出台《信息网络传播权保护条例》。

另外，《中华人民共和国刑法》针对计算机犯罪的规定如下。

- 第二百八十五条：违反国家规定，侵入国家事务、国防建设、尖端科学技术领域的计算机信息系统的，处三年以下有期徒刑或者拘役。
- 第二百八十六条：违反国家规定，对计算机信息系统功能进行删除、修改、增加、干扰，造成计算机信息系统不能正常运行，后果严重的，处五年以下有期徒刑或者拘役；后果特别严重的，处五年以上有期徒刑。违反国家规定，对计算机信息系统中存储、处理或者传输的数据和应用程序进行删除、修改、增加的操作，后果严重的，依照前款的规定处罚。故意制作、传播计算机病毒等破坏性程序，影响计算机系统正常运行，后果严重的，依照第一款的规定处罚。
- 第二百八十七条：利用计算机实施金融诈骗、盗窃、贪污、挪用公款、窃取国家秘密或者其他犯罪的，依照本法有关规定定罪处罚。

6.6 信息伦理与职业行为自律

6.6.1 信息伦理的概念

信息伦理又称为信息道德，是调整个人与个人之间、个人与社会之间信息关系的行为规范的总和。信息伦理包含 3 个层面的内容，即信息道德意识、信息道德关系和信息道德活动。

信息道德意识是信息伦理的第一个层面，包括与信息相关的道德观念、道德情感、道德意志、道德信念和道德理想等，是信息道德行为的深层心理动因。信息道德意识集中体现在信息道德原则、规范和范畴之中。

信息道德关系是信息伦理的第二个层面，包括个人与个人的关系、个人与组织的关系、组织与组织的关系。这种关系是建立在一定的权利和义务的基础上，并以一定信息道德规范形式表现出来的，相互之间的关系是通过大家共同认同的信息道德规范和准则维系的。

信息道德活动是信息伦理的第三个层面，包括信息道德行为、信息道德评价、信息道德教育和信息道德修养等。人们在信息交流中所采取的有意识的、

学习笔记

经过选择的行动即为信息道德行为，根据一定的信息道德规范对人们的信息行为进行善恶判断即为信息道德评价，按一定的信息道德理想对人们的品质和性格进行陶冶即为信息道德教育，人们对自己的信息意识和信息行为的自我解剖、自我改造即为信息道德修养。与信息伦理关联的行为规范指向社会信息活动中人与人之间的关系，以及反映这种关系的行为准则与规范。例如，扬善抑恶、权利与义务、契约精神等。

信息伦理对每个社会成员的道德规范要求是相似的，在信息交往自由的同时，每个人都必须承担同等的伦理道德责任，共同维护信息伦理秩序，这也对我们今后形成良好的职业行为规范有积极的影响。信息伦理是信息活动中的规范和准则，主要涉及信息隐私权、信息准确性权利、信息产权、信息资源存取职权等方面的问题。

（1）信息隐私权即依法享有的自主决定的权利及不被干扰的权利。

（2）信息准确性权利即享受拥有准确信息的权利，以及要求信息提供者提供准确信息的权利。

（3）信息产权即信息生产者享有自己所生产和开发的信息产品的所有权。

（4）信息资源存取权即享有获取所应该获取的信息的权利，包括对信息技术、信息设备及信息本身的获取权利。

信息伦理体现在生活和工作的方方面面，我们要时刻维护信息伦理秩序，并养成良好的职业道德。

6.6.2 与信息伦理相关的法律法规

在信息领域，仅仅依靠信息伦理并不能完全解决问题，还需要强有力的法律做支撑。因此，与信息伦理相关的法律法规十分重要。有关的法律法规与国家强制力的威慑，不仅可以有效打击在信息领域造成严重后果的行为者，还可以为信息伦理的顺利实施构建较好的外部环境。

随着计算机技术和互联网技术的发展，我国为了更好地保护信息安全，培养公众正确的信息伦理道德，陆续制定了系列法律法规，用以制约和规范对信息的使用行为和阻止有损信息安全的事件发生。

在法律层面上，我国于 1997 年修订的《中华人民共和国刑法》中首次界定了计算机犯罪。其中，第二百八十五条的非法侵入计算机信息系统罪、第二百八十六条的破坏计算机信息系统罪、第二百八十七条的利用计算机实施犯罪的提示性规定等，能够有效确保信息的正确使用和解决相关安全问题。

在政策法规层面上，我国自 1994 年起陆续颁布了系列法规文件，如《中华人民共和国计算机信息系统安全保护条例》《中华人民共和国计算机信息网络国际互联网管理暂行规定》《金融机构计算机信息系统安全保护工作暂行规定》等，这些法规文件都明确规定了信息的使用方法，使信息安全得到有效保

学习笔记

障，也能在公众当中形成良好的信息伦理。

6.6.3 职业行为自律的要求

职业操守是指人们在从事职业活动中必须遵从的最低道德底线和行业规范。它既是对人在职业活动中的行为要求，也是人在从事职业活动时必须承担的道德、责任和义务。一个人不管从事何种职业，都必须具备端正的职业操守，即要做到遵章守纪、遵循职业规范和严守公司秘密。

职业行为自律是一个行业自我规范、自我协调的行为机制，同时也是维护市场秩序、保持公平竞争、促进行业健康发展、维护行业利益的重要措施。

另外，职业行为自律也是个人或团体完善自身的有效方法，是提升自身修养的必备环节，是提高自身觉悟、净化思想、强化素质、改善观念的有效途径。我们应该从坚守健康的生活情趣、培养良好的职业态度、秉承正确的职业操守、维护核心的商业利益、规避产生个人不良记录等方面，培养自己的职业行为自律意识。职业行为自律的培养途径主要有以下3个方面。

（1）树立正确的人生观是职业行为自律的前提。

（2）职业行为自律要从培养自己良好的行为习惯开始。

（3）发挥榜样的激励作用，向先进模范人物学习，不断激励自己。学习先进模范人物时，还要密切联系自己职业活动和职业道德的实际，注重实效，自觉抵制拜金主义、享乐主义等腐朽思想的侵蚀，大力弘扬新时代的创业精神，提高自己的职业道德水平。

除此之外，我们还应该充分发挥以下几种个人特质，逐步建立起自己的职业行为自律标准。

- 责任意识。具有强烈的责任感和主人翁意识，对自己的工作负全责。
- 自我管理。在可能的范围内，身先士卒，做企业形象的代言人和员工的行为榜样。
- 坚持不懈。面对激烈的竞争，尤其是在面临困境或危急的时刻，能够顽强坚持，不轻言放弃。
- 抵御诱惑。有较高的职业道德素养和坚定的品格，能够在各种利益诱惑下做好自己。

6.7 习题

一、单项选择题

1. 保证信息未被篡改属于信息的（　　）特征。

A．机密性　　B．完整性

C．可用性　　D．一致性

学习笔记

2. 下列选项中不需要保密的是（　　）。

A. 身份证号码　　B. 技术发明

C. 商业机密　　D. 新闻公告

3. 下列安全威胁属于人为内部威胁的是（　　）。

A. 雷电造成的磁盘数据丢失

B. 突然停电导致系统停机

C. 内部员工盗卖机密数据

D. 冒用他人账号登录系统窃取数据

4. 研究如何在崩溃后快速恢复系统正常运行的技术属于（　　）。

A. 加密技术　　B. 防火墙技术

C. 入侵检测技术　　D. 系统容灾技术

5. 我国第一部保护计算机信息系统安全的法规是（　　）。

A.《中华人民共和国计算机信息网络国际联网管理暂行规定实施办法》

B.《中华人民共和国计算机信息系统安全保护条例》

C.《信息网络传播权保护条例》

D.《计算机信息网络国际联网安全保护管理办法》

二、简答题

1. 请问常见的需要保证安全的信息有哪些?

2. 请问常见的信息安全技术有哪些?

3. 请问信息安全的主要威胁来源有哪些?